垃圾的故事

北京市市政市容管理委员会
首都精神文明建设委员会办公室　编
北京市教育委员会

北京出版集团公司
北京出版社

图书在版编目（CIP）数据

垃圾的故事 / 北京市市政市容管理委员会编. — 北京：北京出版社，2014.5
ISBN 978-7-200-10785-2

Ⅰ．①垃… Ⅱ．①北… Ⅲ．①垃圾处理—普及读物
Ⅳ．①X705-49

中国版本图书馆CIP数据核字(2014)第127655号

垃圾的故事
LAJI DE GUSHI

北京市市政市容管理委员会　编

*

北 京 出 版 集 团 公 司　出版
北 京 出 版 社

（北京北三环中路6号）
邮政编码：100120

网址：ｗｗｗ．ｂｐｈ．ｃｏｍ．ｃｎ
北 京 出 版 集 团 公 司 总 发 行
新 华 书 店 经 销
北京宝昌彩色印刷有限公司印刷

*

787毫米×1092毫米　16开本　11印张　88千字
2014年5月第1版　2017年1月第4次印刷
ISBN 978-7-200-10785-2
定价：24.00元
质量监督电话：010-58572393

本书编委会

前言

　　垃圾，可以说是和我们的生活息息相关，每个人每天都在制造垃圾；垃圾，与人类的历史如影相随，并影响着世界的进程。比如，曾经如同幽灵夺去千万人生命，把欧洲大陆变成"死亡陷阱"的黑死病，其罪魁祸首就是无序排放的污水和乱堆的垃圾；2008年，意大利文化历史名城那不勒斯发生严重骚乱，对国际社会产生不小的震荡，罪魁祸首也是垃圾。可以说垃圾是我们身边最大、最直接的环境问题，同样在成为安全问题、社会问题、国际问题。

　　另一方面，但丁有一句关于垃圾的名言："世界上没有垃圾，只有放错地方的宝藏。"现代引申为"垃圾是放错位置的资源"。在地球资源日益匮乏的今天，垃圾作为唯一呈增长态势的战略性资源，被誉为"城市矿产"。"垃圾是放错位置的资源"的理念，逐渐被人们认可、接受、推崇，并深入人心。

众所周知，垃圾问题是城市当今最大、最基本的环境问题之一，一个干净、整洁、优美、宜居的城市家园是每一个人的诉求和企盼。可以说，每个人都是垃圾的制造者，对于垃圾问题每一个人都有一份责任，积极参与并实实在在地践行垃圾减量、垃圾分类是每个人的义务。垃圾分类，节能减排，举手之劳，变废为宝，每一个人迈出一小步，城市就会迈出一大步。

编辑本书，就是为了让更多的青少年——"城市小主人"关心、关注身边的环境问题，树立保护环境、珍惜资源的理念，并通过童心看世界，小手拉大手，影响父母和家人，从而使城市的每一个家庭都参与到垃圾减量、垃圾分类的行动中来。

垃圾分类的意义，简而言之，就是把放错位置的资源放对位置，把真正的废物和有利用价值的宝贝分开，从而实现垃圾的减量和资源的循环利用。因为纸张、塑料、金属、玻璃、废旧电器等物的回收利用，可以使我们少砍伐森林，少开采矿山；再生纸、再生玻璃、废旧电器分离出的金属，使大量原本成为垃圾、废物的东西，重新获得新生，成为"城市矿产"。所有这一切的

实现，都是建立在垃圾的分类投放、分类收集、分类运输和分类处理的基础之上的。

其实，垃圾分类并不神秘，做到垃圾分类也并不麻烦。从2010年，北京市已经开始在全市近3000个小区开展了垃圾分类达标试点，并将继续推进。如果你在这样的小区居住，请正确使用分类垃圾袋，按要求进行分类收集，继而分别投放到小区设置的分类垃圾桶里，大家可以从自己做起，从身边做起，从小事做起。做垃圾分类的践行者、宣传员和志愿者。

总之，每一个人少制造垃圾，这个世界就不会有那么多垃圾；每个人有节约能源、循环利用的意识，地球的资源就不会枯竭。同学们，让我们一起努力，参与垃圾分类，为垃圾的减量化、资源化、无害化贡献自己的力量！

本书编委会

目录

垃圾史话/1

不断"长高"的特洛伊城 /2

人类向垃圾宣战 /5

欧洲黑死病的祸首 /8

垃圾分类的先行者 /11

英国工业革命带来"城市病"/14

乱扔垃圾者受重刑 /17

中国古代的"环卫工"/20

古代如何处理垃圾和污染 /23

中国古代厕所之"最"/26

古代的"粪土贸易"/29

世界垃圾焚烧的百年发展 /32

全球垃圾聚成太平洋"新大陆"/35

抵制"垃圾侵略"/38

保卫南极的净土 /41

垃圾趣闻/45

垃圾也有名胜景点 /46

垃圾制作的著名建筑 /49

世界著名的垃圾艺术品 /52

美国有座垃圾博物馆 /55

形形色色的垃圾桶 /58

新兴学科——垃圾学 /61

"太空垃圾"和太空清洁工 /64

一部有关垃圾的科幻电影 /67

全球超酷垃圾焚烧厂 /70

"垃圾艺术"放大环保理念 /73

垃圾分类也"智能" /76

珠峰垃圾变身圣诞礼品 /80

环保之路/83

自由女神像见证的奇迹 /84

首钢建筑垃圾铺就环保路 /88

垃圾场变身京城最大公园 /91

走进北京市朝阳循环经济产业园 /94

垃圾气田——日常生活产生的"燃料库"/97

航天高新技术服务垃圾处理 /100

美国：使用再生物质减少垃圾 /103

日本：垃圾处理精细化 /106

德国：瞄准"进口垃圾"/109

英国：垃圾分类制度严 /112

各国处理垃圾的"妙招"（上）/115

各国处理垃圾的"妙招"（中）/118

各国处理垃圾的"妙招"（下）/121

"点石成金"的台北经验 /124

绿色行动/127

李双良："当代愚公"搬渣山 /128

从建筑垃圾中"觅宝" /131

拾玻璃行业的翘楚 /134

废旧衣物"华丽转身"变资源 /137

"低碳生活"促进垃圾减量 /140

网上流行"碳足迹计算器" /143

"光盘行动"减量餐厨垃圾 /146

和酒店一次性用品说再见 /149

大学生演绎世博园里的"垃圾学" /152

中学生开"公司"回收校园垃圾 /155

"绿色回收"走进北京高校 /158

"绿纽扣计划"让智能回收机进驻校园 /161

环保小先锋袁日涉 /164

垃圾 史话
LAJI SHIHUA

 # 不断"长高"的特洛伊城

特洛伊城是在公元前16世纪前后为古希腊人渡海所建。公元前13世纪至前12世纪时,特洛伊城颇为繁荣。公元前9世纪古希腊诗人荷马的史诗《伊利亚特》叙述的"特洛伊战争"就发生在这里。

20世纪50年代,从事青铜时代考古的专家布里根到特洛伊城考古。他在挖掘古建筑的过程中发现,这个城市的建筑中有一个奇怪的现象,就是在每一个建筑里都有很多层地板,而在每一层的地板下面,都堆满了动物的骨头等各种垃圾。考古学家由此分析认为,当时特洛伊城古人处置垃

坂的办法并不是把那些惹人厌恶的堆积物清扫掉，而是丢弃在室内的地面上。当垃圾多得让人受不了，家中的臭气也变得令人忍无可忍时，他们就

▲ 古希腊特洛伊城遗址（二）

会再弄来一些新的泥土把垃圾掩埋起来，并重新铺上一层厚厚的地板——眼不见为净。从层次分明的地板看来，许多家庭不断重复着这样的过程，地板往往增高到让人不得不把屋顶加高或重新开一个门的程度。当然，最后建筑物必须整个拆除，打掉原来的墙体，充当新房子的地基。

不仅建筑内部如此，连特洛伊城整个城市也是依照这种方式建设的：当满城的垃圾多得让人无法下脚时，人们就用土埋掉垃圾，然后再在厚厚的土层上加盖新建筑，就这样，特洛伊城不断地"长高"。1973年，美国商业部环境研究室的土木工程师查尔斯·古那森计算出，特洛伊城由于垃圾堆积，海拔高度平均每世纪升高1.43米。

研究者们还发现，这种奇特的建设方式不是特洛伊城独

有的，中东的许多古代城市也是如此，它们往往建立在比周围平原高出许多的大型土墩上，而这些土墩，实际上就是不断"长高"的垃圾堆。某些地区的城市"长高"速度甚至比特洛伊城更快，垃圾堆积的平均速度高达每世纪4米。

北京市每年产生多少生活垃圾

2013年，北京市垃圾年总产量为671万吨，日产量大约为1.84万吨，如果用装载量为2.5吨的卡车来运输每天的生活垃圾，连成一串，能够整整排满三环路一圈。

Tips

弃物可重生，垃圾也是宝。

# 人类向垃圾宣战

　　当古人还处于游牧部落之中时，为了追踪猎物或寻找可供利用的农作物，必须经常迁徙，不会在一个地方久居，垃圾也就不会太多地影响人们的生活。而当人类成为定居者后，正如美国人类学家詹姆士·奥康诺所说的："居室固定后，就开始面临垃圾问题。要搬的应是垃圾，而非人类。这

△ 古希腊的雅典卫城遗址

5

意味着人类的行为模式必须重新调整。"人类开始和垃圾作战，寻找处理垃圾的方法。

大约公元前2100年，在古埃及的赫拉克利奥波利斯城内，贵族区的废弃物开始得到收集，但处理的方式是将其中大部分倾倒入尼罗河。大约就在同一时期，希腊克里特岛一些房屋的浴室便已和主要污水管道连接起来了。到了公元前1500年，该岛规划部分土地专门用于有机物的处理。

在公元前5世纪，垃圾乱七八糟地堆满了雅典的郊区，威胁着市民的健康。于是，希腊人开始统筹设置城市垃圾场。雅典议会也开始实施一项法令，规定清洁工必须将废弃物丢弃在距城墙不少于1.6千米的地方，还颁布法令，禁止人们向街道上丢弃垃圾，这是已知的历史上的第一项此类法令。雅典人甚至还设置了堆肥坑。位于西半球的古代玛雅人则是将有机废弃物置于垃圾堆场，并用石头和破碎的陶器来进行填充。

古罗马城由于规模庞大，人口稠密，面临着比其他地区更大的卫生难题。当时罗马城的污水处理技术比较先进，但对固体废弃物的处理并不到位。按规定，全城范围的垃圾收集仅限于国家举行各种活动之时。土地的所有者负责清扫毗邻的街道，但这些法律执行得并不到位，随着罗马统治者权

力的衰落，该城的环境也日渐恶化。

到了中世纪，尽管居住和生活条件还很简陋，但是新城市的兴起促使人们将更多的注意力投向公共健康事务。12世纪末期，城市里开始铺设并清扫街道。例如，巴黎从1184年就开始铺设街道，1609年，公众开始支付清扫街道的费用。

什么是生活垃圾

生活垃圾是指在日常生活中或者为日常生活提供服务的活动中产生的固体废物以及法律、行政法规规定视为生活垃圾的固体废物。生活垃圾一般可分为餐厨（厨余）垃圾、可回收物和其它垃圾等，例如人们日常生活中废弃的剩饭剩菜、纸张、塑料、玻璃、电池等。

欧洲黑死病的祸首

据史载，15世纪的一天，法国国王路易十一夜间散步，只听得楼上一声喊："下边的人注意了！"便被一个大学生向窗外泼的便盆污物浇个正着。路易十一没有恼怒，反而留下一笔赏金，以"鼓励这名学生熬夜读书的努力"。国王的宽容由此成为美谈，但人们闭口不谈的是，中世纪时，欧洲的城市居民都在理直气壮地往门外窗外扔掷垃圾粪便。

当时的巴黎，大多数街区既没有公共厕所，也没有垃圾箱和排水系统，人们随手把垃圾抛出窗外，并随意排泄，满地都是由人便、腐水、垃圾、马粪、猪屎、鸡鸭鹅粪以及尘土组合成的烂泥浆，并伴随着浸透城市的恶臭。在马路中间，一条水沟将雨水、生活废水和道路两旁居民扔出的垃圾一起导入下水道。在巴黎，下水道都通往塞纳河。而塞纳河又同时为居民汲取饮用水提供水源。而且，下水道还经常堵塞。因此，街道就变成了满是腐臭垃圾的泥坑。

那几个世纪，城市居民饱受流行性传染病的蹂躏。1346

年至1353年，一种被称为黑死病的瘟疫凶猛爆发，像一股黑色的旋风一样迅速席卷欧洲，把一座座繁华的都城变成了死亡陷阱，断送了欧洲1/3的人口，总计约达2500万人！巴黎也同样在这恐怖的瘟疫中满城死尸累累。

当时最流行的舆论认为，传染病的元凶是遥远天际中星辰的排列——"火星、土星和木星连成一线，使最可怕的瘟疫传播"。一名医生说："任何发臭的东西都不会致命，任何致命的东西都不发臭。"这一观点代表了当时医学界的普遍看法。大家都还没

🔻 1346年至1353年，黑死病在欧洲凶猛爆发

有意识到，其实死神正是从他们自己每日丢出窗外、遍地开花的垃圾中飘然而出的。

然而，慌乱之中的人们也并非一无所获，多少年来，人们一直没有停止对黑死病的研究。19世纪末，巴斯德指出疾病是由细菌传播所致，这从根本上转变了市民的观念。城市逐渐装备了自来水管道和庞大的排污水管，垃圾被禁止在公

共场所堆放，并被送到专门的垃圾场。黑死病改变了整个欧洲乃至世界的历史。

垃圾对水源有什么危害

垃圾所产生的渗滤液若流入地表水体，会使地表水受到污染；若渗入地下，就会对地下水造成污染。

Tips

捡起地上的垃圾，还大地一片宁静。

垃圾分类的先行者

现在，垃圾分类的观念已日益深入人心，并逐渐被世界各国所接受。其实，这种看似近代才出现的新鲜事物，早在历史上就曾经有人实施过。

🔺 法国巴黎优美的城市风景

1883年，法国巴黎随着城市扩大，人口增加，垃圾的数量呈现迅速增长之势。有增无减的垃圾山，蚕食着人们生存的空间。为了解决这一令市政当局头疼的问题，当时的行政长官欧仁·普拜勒签发了著名禁令——要求不动产的拥有者提供3个专门的容器，用以投放垃圾。一个装易腐烂物，一个装报纸和破布烂衫，一个装碎玻璃、陶片。这可能是人类历史上第一次提出的垃圾分类的法令了。但由于当时人们认识的局限，这条法律受到有产者的抵制，成了一纸空文。直到第二次世界大战后，垃圾分类才真正得到实施。

19世纪末，美国的一些市政官员和环卫工程师主要采取焚烧垃圾或者把垃圾倾倒在海水中的方法，把这种办法当成解决垃圾问题的万能药。这时候，一个叫乔治·怀宁的进步主义改革家，提出了一个更为先进的理念：垃圾分类制度。这一制度为无害化处理垃圾展现出了一道曙光，使人们看到了解决垃圾问题的新方向。

1895年，乔治·怀宁被任命为纽约市的街道清洁委员，他以资源利用为目的，设计了一套居民生活垃圾分类收集办法，使餐厨有机垃圾和可回收物分开，提高彼此的再利用率。他还倡导成立了一些民间宣传教育团体，将环卫管理和资源利用的知识及理念传播给广大市民，鼓励大家参与。在乔治·怀宁的要求下，纽约市政部门成立了

⚠ 美国进步主义改革家乔治·怀宁

废品分拣站，把原来只能当作垃圾的废品予以再利用，做到了物尽其用。此举一定程度地遏制了焚烧垃圾污染空气和倾倒垃圾污染海水的弊端。

垃圾对大气环境有什么危害

垃圾所散发出的臭味，如NH_3、H_2S等有毒气体，会危害大气环境，造成严重的空气污染。

垃圾·语丝

Tips

垃圾应该成为当今时代的一首诗。——安蒙斯（美国诗人）

英国工业革命带来"城市病"

英国是第一个实现工业化和城市化的国家，城市迅速的发展超出社会资源的承受力，导致各种"城市病"的出现，主要包括住宅奇缺、污染严重、卫生状况恶化等。工业革命时期的城市卫生问题，部分来自工业污染，部分来自生活污染。城市居民大都是刚从农村出来的农民，那种散居所养成的习惯还没有改变。如生活垃圾到处倾倒，污

🔺 英国工业革命时期，大批农民迁往城市，使城市因增长过快变得拥挤无序

水随处泼洒。不少居民还保留着饲养家畜的习惯，在家里，鸡、猪，甚至马都挤在同一个房子里。由于厕所不够，人们不得不随地大小便。根据记载，曼彻斯特的议会街，每380人才有一个厕所；在居民区，每30幢住满人的房子才有一个厕所。

排水是城市卫生的关键问题，但当时大部分城市没有良好的排水系统。一般污水都是通过大大小小的"阴沟"通往厕所或死水塘；情况最好的是将污水排入流经城市的河流，但这使河流成了一条条大污水沟。

1838年，伦敦瘟疫猖獗，政府组建了一个大城镇和人口稠密地区卫生调查委员会，对卫生问题做了系统的研究，并起草了一个报告。这个报告于1844年公布，对城市卫生状况提出建议：卫生管理应交由直接隶属于英王的地方当局单独负责；在任何排水方案付诸实施以前，应先有适当规模的计划和测量；一切下水系统应由地方当局统一建造；大杂院房屋和茅舍产业的费用概由所有者负责，主管排水的当局也应负责铺路；当局应负责清扫污水池和厕所。还规定：凡住人的院子，面积不得少于一定的尺寸。地窖和地下室必须备有壁炉、窗户和适当的排水系统，否则不许住人；凡新建的房屋一律装有适当的厕所设备。还规定：当局有权为加宽道路、清理卫生和筹建公园而征收款项，有权要求充分的空气流通，强制打扫不卫生的房屋，核发宿舍许可证，指派卫生官员等。

皇家调查委员会的报告是划时代的。它导致1848年第一个公共卫生条例的诞生和第一个中央卫生委员会的建立。这些条例说明政府已开始正式介入城市卫生管理，城市卫生事业开始慢慢地前进。

生活垃圾的产生与哪些因素有关

生活垃圾的产生主要与城市人口、城市经济发展水平、居民收入与消费结构、燃料结构、管理水平、地理位置等因素有关。

1吨废物=700千克的错误条件+200千克的懒惰思想+100千克真正的废物。

——德国教育和科学部分管环境技术的负责人舒尔茨

乱扔垃圾者受重刑

当人类文明进一步发展，人口密集的城市开始出现，人们的消费活动会产生大量垃圾，需要有处理垃圾、保护环境的社会规范和制度。我国许多朝代都对此制定了堪称严酷的

🔺 中国古代的"法庭"——官衙

17

法令，对破坏卫生环境者施以重刑。

商代对乱扔垃圾者断手　《韩非子·内储说上》载："殷之法，弃灰于公道者断其手。""灰"就是垃圾，城市居民如将垃圾倾倒在街道上，就会受到断手的处罚。这种严酷的刑罚对于后代有很大的影响。

周朝对破坏环境者处死　周朝时不但成立了我国历史上最早的专门处理垃圾的机构，而且在西周时期，还颁布了环保法令《伐崇令》。其中规定："不得破坏房屋，不得填埋水井，不得砍伐树木，有不遵守法令者，死无赦。"这应该是我国古代最早的关于保护环境的法规。

战国对乱扔垃圾者罚守城数年　战国时期，秦国商鞅变法，新制定的秦律中有"弃灰于道者被刑"的条文，"刑"是在脸上刺字守城。刑期4~6年。这是商朝法律的延伸。

秦朝对乱扔垃圾者脸上刺字　秦朝对乱扔垃圾的处罚，相比殷商时断手之刑相对减轻，但仍很残酷。《汉书·五行志》载："秦连相坐之法，弃灰于道者黥。""黥"是在人脸上刺字并涂以黑墨之刑。

唐朝对出污秽者杖责　唐朝对于日常生活垃圾的管理更加规范和全面，《唐律疏议》中载："其穿穴垣墙，以出秽污之物于街巷者，杖六十；出水者，勿论。主司不禁，与同

罪。"这段史料大致的意思是，对在城中随便取土挖坑，造成污秽之物阻塞街巷的人，要处以杖责六十的刑罚，而且规定了有关管理部门如果没有履行职责，将与犯罪者同样获罪并受处罚。

宋代对乱倒垃圾者的处罚方式继承唐法 宋代《宋刑统》卷二十六《诸侵巷街》规定："诸侵街巷阡陌者，杖七十。"对乱倒垃圾也有规定："其有穿穴垣墙以出秽污之物于街巷，杖六十。主司不禁与同罪。"宋代的这个刑律基本继承了唐代的刑法规定。

垃圾对土壤有什么危害

随意堆放垃圾不仅会侵占大量农田，而且其中的有毒物质还会严重腐蚀土地、污染土壤，进而危害粮食、蔬菜的生长。

垃圾 语丝

Tips

继农业革命、工业革命、计算机革命之后，影响人类生存发展的又一次浪潮，将是在世纪之交时要出现的垃圾革命。

——托夫勒[美]

 # 中国古代的"环卫工"

我们现在把城市中清理环境卫生的工人叫作环卫工，在我国古代，也有这样专职负责处理城市垃圾的工人，只不过他们的名字不叫环卫工。

据《周礼·秋官》记载："狼氏下士六人，胥六人，徒六十人。""狼氏"的工作就是负责清除城中街道上的垃圾，保持城市环境的清洁。这是历史上最早的环境卫生管理机构。在"狼氏"工作的人叫"条狼氏"，"条"在古代是洗涤的意思。"条狼氏"的工作就是专职负责打扫城市垃圾，这大概是最早见于记载的"环卫工人"了。在商周出土的青铜器上，已有打扫卫生的图案，进一步印证了当时确实存在专门负责环境卫生管理的机构，并有专门打扫卫生的"环卫工人"。

在我国汉代时期，也有专职管理、打扫厕所的"厕所管理员"，据《太平广记·神仙》记述，汉高祖刘邦的孙子淮南王刘安，在死后升天途中，遇到天仙时犯了"大不敬"之罪，被罚给天庭看了3年厕所，因为勤恳敬业，最后成了长

生不老的仙人。虽然这只是神话传说，但反映了在汉代乃至汉代以前，存在着厕所清洁工这一事实。

到了唐宋时期，环卫工已经成了一个社会职业。据《梦梁录》记载，南宋都城临安，有专以清除粪便为职业的清洁工，称

🔺 北宋风俗画《清明上河图》局部

为"倾脚头"，他们负责定期清除、收集各家各户百姓倾倒的粪溺，再运到农村卖掉。

明朝的清洁工人还有一个名字叫"除不洁者"，这个名称见于《左忠毅公逸事》。左忠毅公即明末著名的爱国将领史可法。文中记述，有一次史可法去监狱探望被奸臣魏忠贤陷害的老师左光斗，为了掩人耳目，化装成"除不洁者"入监。"除不洁者"即垃圾清扫工人。

清朝时期，城市的环境管理工作更为人们所重视，在一些城市中有专业打扫厕所、收集粪便的清洁人员，人们称之为"粪夫"。还出现了专门负责垃圾处理的机构。如在

杭州，光绪二十三年(1897年)正月，规定由清道局专门负责垃圾清除。光绪二十九年(1903年)，这一工作改由警察局管理。在常州，光绪三十一年(1905年)，由商会率先创办负责清道的组织，每天安排清道夫打扫主要街道。

居民收入和生活垃圾的关系

居民生活水平的改变不仅影响城市垃圾的产量，也影响着城市垃圾的成分。商品经济越发达，一次性的废弃物越多。近年来，居民收入不断增加，人民的生活水平不断提高，导致包装材料、一次性使用材料和用品日益增多，从而导致垃圾量也大幅增加。

Tips

希望有一天，垃圾桶能够下岗。

古代如何处理垃圾和污染

　　现在，我们在处理垃圾、保护环境卫生方面有许多先进的方法，那么，在科学不发达的古代，人们是怎么处理生活垃圾和减少污染的呢？在历史的迷宫中寻找，不难发现，其实聪明的古人也是有许多环保的办法的。

　　由于古代没有现代使用的塑料类无法降解的物质，所以古人对垃圾的处理一般是进行焚烧，烧不掉的利用天然的或挖掘而成的土坑来填埋。至于金属类，由于古代产量低，基本都回收利用了。所以在古代垃圾场的遗迹里，我们能发现的垃圾，大多数只有碎裂的瓷器、漆器或动物的骸骨。至于粪便、泔水之类的垃圾，则是运到地里肥田。

　　早在商代，堆肥作为废弃物处理的一种方法已经得到广泛重视。《氾（sì）胜之书》记载，伊尹教老百姓堆粪浇水，使田地变成肥沃的良田。为了积肥，开始有了厕所，并对家畜进行了舍饲。甲骨文中的"牢"字，就表明了对家畜的舍饲。《说文解字》中提到："厕，清也。"这说明了在商代，古人就已经开始在农事活动中使用堆肥法。对厕所、猪圈的粪便进行收集后运到田里，不仅保证了环境卫生，还可用粪肥田，变废为宝。

真正对堆肥技术进行的科学探讨始于1920年。英国的A·霍华德在印度把牲畜粪便、树叶、垃圾等放入土坑，贮存6个月，进行厌氧发酵。同年，意大利人G·G·贝卡里也向政府申报专利。他堆肥的方法同霍华德相似，只是不用土坑而用混凝土堆肥坑。

在中国古代，炼丹术盛行，然而，这些"化工"材料经证明大多含有对人体有害的重金属元素，如砷、铅、汞等。术士炼丹之后，把剩余废料随意倾泻。"丹砂置之于田，则苗尽死"，这类严重的污染引起了人们的关注，这些丹毒被禁止倾泻于农田。对于煤烟等产生的污染，古代一些发明家也想出了办法，河北出土了一盏汉代的"长信宫灯"，灯形是一个

🔺 河北省满城出土的西汉长信宫灯

宫女双手执灯的形象。宫女造像体内空虚，右臂与烟道相通，通过烟道来的蜡烛烟被容纳于体内，从而保持室内的清洁。这种巧妙的设计一方面符合了家居要求，另一方面又有效地减轻了污染。

生活垃圾对自然景观有什么影响

生活垃圾的露天堆放和填埋，要占用大量的土地资源。许多城市无力消纳，设在城郊的生活垃圾堆一般具有不良外观，容易滋生蚊蝇、蛆虫和老鼠，并散发恶臭，危害人体健康，还影响市容，有碍景观。

Tips

- **垃圾分类放，环境有保障。**

中国古代厕所之"最"

最早见于记载的厕所　厕所是什么时候在中国出现的呢？根据专家考证，"厕"字在商代的甲骨文中有两个含义，一个是猪圈，一个是厕所。可见最迟到商代，中国已有了厕所。而且，厕所和猪圈是连在一起的，排泄物直接通往猪圈作为猪的食物，还可以用粪便来肥田，变废为宝。

最早出现的公共厕所　中国古代最早提到公共厕所的文献是《周礼》。从史料看，周代的厕所称为"路厕"，设有漏井，秽物可自然落

🔺 陕西省汉中出土的西汉绿釉陶厕

到池内，近代学者尚秉和在《历代社会风俗事物考·厕溷》中说其"颇与今日之洋茅厕相类"。后世学术界认为，这种建于道路旁边的"路厕"又叫"官厕"，即中国最早的公厕。"路厕"的建立，对于维护环境卫生，尤其是公共场所的环境卫生具有重要意义。

最早的水冲式坐便厕所　现代考古已发现了不少古代厕所。在河南省商丘市芒砀山发掘出一座汉代的梁孝王刘武墓，墓中有一间厕所。这间厕所面积约2平方米，内有一套完整的石质坐便器，旁边有一个宽大的扶手。在坐便器后方的墙上，厕所修建者凿出一个冲水的管道，其构造和原理与今天的水冲厕所极为类似。此厕距今2000多年，被认为是中国最早的水冲式厕所，也是迄今为止世界上发现的最早的水冲坐式厕所。

最早见于记载的男女分厕　古代厕所，很多时候男女共用，只讲"先来后到"。那么男女分厕是从什么时候开始的呢？根据考古发现，在汉代已出现了将男厕与女厕分开的设计。在陕西省汉中市汉台区，曾出土西汉末年王莽时期的"绿釉陶厕"。这座陶厕有房顶，山墙一侧开有两个门，厕所里有墙分隔，门外亦有一道短墙，区分男厕与女厕。在中国农业博物馆的藏品中，也有一件汉代陶厕模型，猪圈两边

各建一个厕所，应分别为男厕与女厕。从这些考古出土物来推断，最迟在汉代，我国的厕所已分男女。

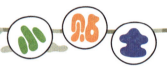

垃圾对人体健康有什么危害

暴露在外的生活垃圾不仅会滋生蚊蝇和细菌，而且会通过对土壤、大气、水和自然环境的污染，引发多种疾病。

Tips

垃圾要分类，资源要利用。

 古代的"粪土贸易"

　　在我国古代，随着一些大城市的出现和发展，人口越来越稠密。如何处理庞大的、"不事稼穑"的城市居民的大量污秽之物，成为令当政者头疼的问题。仅仅依靠行政管理已经显得落后。所以，除了设置卫生清洁机构，制定必要的政策法令外，处理粪便最有效的方法还是利用好经济杠杆。

　　据《梦粱录》记载，南宋时，杭州人口繁多，街巷市民之家，多无坑厕，只用马桶，每日自有出粪人来收粪，谓之"倾脚头"。文中还说："更有载垃圾粪土之船，成群搬运而去。"到了明清，城镇中人粪肥的收集、运输工作有了很大改进。在收集方面，不

🔺 南宋时杭州已有到居民家收粪之人

仅有"挑粪担的,每日替人家妇女倒马桶,再不有半点憎嫌,只恨那马桶里少货",而且城中"道旁都有粪坑"。这种粪窖往往租给乡下富农,被后者视为"根本之事",而租厕所也成为一种常见现象。如乾隆三十八年(1773年)徽州人万富租厕所1个,每年交租钱140文。此外,清代中叶苏州还备有专船,"挨河收粪",效果很好,因此包世臣建议南京亦仿效之,将所收之粪卖与农民。在运输方面,有专业的粪船(粪舡)运粪下乡,这种专业粪船在运载粪肥时有一定之规,以免装载过坝遭受损失(见《沈氏农书》)。明清时期江南城镇分布广,水路运输方便,因此徐光启说江南"凡通水处多肥饶,以粪壅便故"。这段话的大意是,江南凡是通水的田地都很肥沃,这是因为有粪肥的缘故。

明清时期粪土贸易也非常盛行,清代乾隆时期,英国的斯丹东爵士随马嘎尔尼使团出访我国,他在其所撰的访华见闻录《英使谒见乾隆纪实》中写道:"中国人非常注意积肥。大批无力做其他劳动的老人、妇女和小孩,身后背一个筐,手里拿一个木耙,到街上、公路上和河岸两边,到处寻找可以做肥料的垃圾废物……中国人把这种粪便积起来,里面掺进坚硬壤土做成块,在太阳下晒干。这种粪块可以作为

商品卖给农民。"

　　正是因为有了这种经济杠杆，"废品回收者"应运而生，大量的粪便垃圾处理就不再是困扰城市环境卫生的问题了。

垃圾治理的"三化"原则

　　减量化、资源化、无害化——这是《中华人民共和国固体废物污染环境防治法》《中华人民共和国循环经济促进法》所确立的垃圾处理原则。

Tips

分类收集人人有责，男女老幼齐来参与。

 世界垃圾焚烧的百年发展

焚烧作为一种处理生活垃圾的专用技术，其发展历史大致经历了3个阶段，即萌芽阶段、发展阶段和成熟阶段。

萌芽阶段是从19世纪80年代开始到20世纪初。1874年和1885年，英国诺丁汉和美国纽约先后建造了处理生活垃圾

🔺 日本大阪市舞洲的彩色环保垃圾焚烧厂

的焚烧炉。1896年和1898年，德国汉堡和法国巴黎先后建立了生活垃圾焚烧厂，开始了生活垃圾焚烧技术的工程应用。其中汉堡垃圾焚烧厂被誉为世界上第一座城市生活垃圾焚烧厂。由于技术原始和垃圾中可燃物的比例低，在焚烧过程中产生的浓烟和臭味对环境的二次污染相当严重，所以直到20世纪60年代，垃圾焚烧并没有成为主要的垃圾处理方法。但在此期间，垃圾焚烧技术得到了相当大的改进，其炉排、炉膛等方面的技术逐渐具备了现在的形式。

从20世纪初到20世纪60年代末，生活垃圾焚烧技术进入发展阶段。在西方发达国家，随着城市建设规模的扩大，城市生活垃圾产量也快速增长，原来的垃圾填埋场已经饱和，垃圾减量需要寻找新的出路。于是，垃圾焚烧减量化水平高的优势显现出来，重新得到了高度重视。在一些发达国家，垃圾焚烧的技术进一步得到改进，垃圾焚烧厂也逐渐增多。

自20世纪70年代以来，随着烟气处理技术和焚烧设备高新技术的发展，促进垃圾焚烧技术进入成熟阶段。全球能源危机引起人们对垃圾能量的兴趣。并且随着人们生活水平的提高，生活垃圾中的可燃物、易燃物的含量大幅度增长，这就提高了生活垃圾的热值，为应用和发展生活垃

垃圾史话

圾焚烧技术提供了先决条件。这一时期垃圾焚烧技术主要以炉排炉、流化床和旋转窑式焚烧炉为代表。焚烧已经成为许多发达国家处理城市生活垃圾的主要方式。

百年来，科学技术不断进步，垃圾焚烧设备经过全球环保界科研人员一代代的研制、创新，已从原来的落后设施发展成为运用高科技手段、机电光气一体化的新一代垃圾焚烧设备。据不完全统计，截至2006年，全世界有各种类型的垃圾焚烧厂2100余座（其中有1000多座带发电装置），年焚烧生活垃圾总量达1.65亿吨。

什么是资源化

是指将垃圾直接作为产品进行利用，或者对垃圾进行再生利用，也就是采用适当措施实现垃圾中的材料及能源等资源利用的过程。

Tips

未来人类的文明，将是绿色文明。

全球垃圾聚成太平洋"新大陆"

"如果哥伦布今天从西班牙出发,穿越大西洋,寻找最初的目的地印度,他将无法顺利抵达,因为在半路上会遇到一个'新大陆'——'太平洋垃圾大板块'。"这是法国《国际信使》周刊曾经刊登的《垃圾组成的第七大洲》一文的开篇描述。

🔺 关于海洋垃圾的绘画作品,提醒人们海洋污染问题日渐严重

这个"新大陆"完全是由垃圾堆起来的，如果垃圾也有国籍，这里就是一个"联合国"。这里有来自美国的球鞋、中国的塑料袋、日本的渔网碎片、加拿大的集装箱外壳……目前，这个"垃圾大陆"还处在生长状态，并没有板结成实在的陆地。但它增长的速度却相当惊人，有专家表示，1997年至今，这一垃圾板块的面积增加了一倍，达343万平方公里，相当于欧洲版图的1/3或法国国土面积的6倍多，聚集了超过700万吨的垃圾。有关环保组织提供的数据显示，这一水域每平方公里海面就有330万件大大小小的垃圾，最严重的地方，海底堆积的垃圾厚度已经达到30米。其中80%为塑料垃圾。从现在起到2030年，这一板块的面积还可能增加9倍。

根据联合国的统计，每年世界会产出超过2.6亿吨的塑料垃圾，它们当中大多数是一次性的，其中90%~95%都没有得到回收，大部分都被人类随意丢弃了——有的被掩埋在土地里，有的散布在郊外的垃圾场，有的挂在树枝上，有的被直接倾倒入海……它们散布在地球的每个角落。但是，最后它们会被雨水或大风吹刷，然后悄无声息地溜走。"最后的终点，是海洋。"

专家警告，"垃圾板块"给海洋生物造成的损害将无法弥补。实际上，这些塑料制品不能生物降解(其平均寿命超

过500年)。随着时间的推移，它们只能分解成越来越小的碎块，而分子结构却丝毫没有改变。于是就出现了大量的塑料"沙子"，表面上看似动物的食物。这些无法消化、难以排泄的塑料在鱼类和海鸟胃里越积越多，最终将导致它们因营养不良而死亡。另外，这些塑料颗粒还能像海绵一样吸附高于正常含量数百万倍的毒素，其连锁反应可通过食物链扩大并传至人类。据民间环保组织统计，至少有267种海洋生物已经受到严重影响。如果我们仍旧坐视不理，辽阔的海洋终将会被人类的垃圾所填满，这并非危言耸听。

旅游环境中如何做到垃圾减量

（1）提倡自带可重复使用的杯子、剃须刀、洗漱用品等，尽量不使用一次性用品。

（2）应自带垃圾袋，将自己产生的垃圾分类收集和投放，不要随手丢弃。

（3）提倡在旅游过程中随手捡拾垃圾并分类投放，争做环保志愿者。

垃圾·语丝

Tips

● **践行垃圾分类，保护地球家园，共创美好世界。**

 抵制"垃圾侵略"

　　1987年，一艘名为"莫布罗号"的美国驳船，满载着脏水四溢、散发着恶臭的垃圾在海上漂泊，寻找可以卸货的地方。这艘船共在海上行驶了56天，总行程达6000海里，经过了多个国家和地区，最终不得不返回纽约，2900吨垃圾只好在布鲁克林烧掉了。这是美国向外倾倒垃圾失败的一幕。由此可见，垃圾问题已成为人类面临的重大社会问题，垃圾侵略也成为一个日益严重的国际问题。

　　为了减少本土污染，数十年来，发达地区正将垃圾转移至非洲、亚洲等发展中地区。据不完全统计，全世界每年产生有害废物3亿多吨，绝大部分源于发达国家，由于处置代价昂贵和处置场地难寻，一些国家便将有害废物转移到其他国家。世界上平均每5分钟就有一艘满载有害废物的船只进行跨国越境转移。有的甚至采用"扔了就跑"的恶劣手法。欧洲、美国是出口垃圾的大户，中国、印度和很多非洲国家却成了"世界垃圾场"。据美国《纽约时报》2010年2月报

道，每年都有大量欧美地区的电子垃圾"通过合法或非法方式"被运送到中国、印度、印度尼西亚和非洲一些国家。

　　针对"洋垃圾不断进口事件"，1995年底，中国国务院办公厅发出了《关于坚决控制境外废物向我国转移的紧急通知》，使洋垃圾进口势头得到遏制。1996年3月1日，国家环保局、海关总署、国家商检局等五部委联合下发了《废物进口环境保护管理暂行规定》，1996年4月1日起施行。同时，我国实施

《固体废物污染环境防治法》，明确规定："禁止中国境外的固体废物进境倾倒、堆放和处置！"这一系列法律、法规的推出，使国外传媒得出了"中国不是世界垃圾场"的评判。的确，资源相对缺乏而又有13亿人口的中国，什么时候和什么情况下，都不能以牺牲生态环境为代价！

　　《巴塞尔公约》是控制有害废物越境转移的国际公约，1989年，由117个国家在瑞士巴塞尔缔结。它于1992年5月5

垃圾史话

日生效，具有国际法效力。1990年3月22日，我国政府签署该公约，翌年，我国人大常委会审议批准。

令人高兴的是，随着社会的发展，发展中国家觉醒了，越来越知道如何保护自己。1986年，禁止进口垃圾的国家仅有3个，1988年有33个，1991年就猛增到83个，1994年已达到100多个。

生活垃圾和城市人口的关系

城市生活垃圾产生量随着城市人口的增长呈直线增长态势，人口越多，垃圾产生量越多。

Tips

· **垃圾要分类，生活更美好。**

保卫南极的净土

　　南极，曾经是一片人迹罕至的冰雪世界，是地球上少有的一片神秘的净土。而现在，科学家们却开始为南极的垃圾与污染忧心了。近几十年来，一支又一支考察队源源不断地拥向这块冰清玉洁的地方。人们到达南极进行考察和科学研究的同时，留下了一堆又一堆的垃圾，犹如在一张洁白的画布上留下点点污痕。

　　南极大陆仅2%无冰层覆盖的土地，这是人类与当地"居民"——企鹅等野生动物争夺的要地。由于人们没有明确的行为规范和足够的公共自觉性，考察队营地使这块弹丸之地的废弃物越堆越多，企鹅、海豹以及人类访客，都在逐渐学着去适应与木头和废铁相伴的生活。非法向南极倾倒垃圾的情况随时可见，有一些人只是把垃圾埋到地下，有的人将木头、包装箱、食品残渣试图一烧了之，实际上这些有害气体正在毒害空气，使南极空气也充满了微粒、尘埃和有毒物。

　　千千万万年来，南极与世隔绝，南极的自然环境得以以原貌存留下来，因此，南极不仅是科学家们探索地球演变过程的理想实验室，又理所当然地成为人类研究地球大气和海洋奥秘的基地，堪称人类不可多得的一块宝地。许多有识之士呼吁，绝不能使地球上这块最大的净土重蹈污染的覆辙。让人欣慰的是，各个国家都开始重视南极考察的环境保护，1990年，美国国家基金会率先采取了行动，决心清除南极大陆上长期遗留的各种垃圾，同时制订了一项综合性方案。

1991年，南极条约国签署了关于环境保护的《南极条约

🔺 中国南极考察站制定了严格的垃圾处理制度

议定书》，对南极环境的保护做出了严格规定。根据条约议定书的规定，各个国家的南极考察站一般建有垃圾处理设备，主要是焚烧炉，用以处理可以进行无害燃烧的固体废弃物，也就是可燃垃圾。

垃圾经过焚烧炉的高温焚烧处理，只剩下极少量的灰烬。对于考察站上不具备处理条件的废弃物、不能燃烧或燃烧时会产生有害物质的塑料等垃圾，需要尽量减少体积，比如玻璃瓶要打碎、易拉罐要压扁，待船运回国内处理。

中国南极考察站在队员守则中对废弃物和污水处理做了严格规定，并定期组织队员对站区进行环境清扫。考察站还安装了自动污水处理设备，生活污水经处理达到排放要求后才可排入大海。对于无法处理的化学溶液等垃圾，科考人员将它们收集起来运回国内处理。

中国南极考察站要求队员严格执行垃圾分类操作：部分有机废品在站内进行焚烧处理；不宜焚烧的有机废品、塑料废品、废铁制品以及建筑废料、废旧车辆、淘汰的电子设备、科研仪器等一律运回国内处理。科考人员外出都要携带垃圾袋，在野外作业期间，人为产生的各种垃圾都要带回站区进行垃圾分类处理。

正是基于这种求真务实的态度，中国南极考察站的垃圾

处理工作进展良好，获得各方的肯定和赞许。

除了一丝不苟的态度与强烈的环保意识，不断进步的科学技术也是减少南极大陆垃圾污染所不可或缺的。

有关专家表示，凭借各国对南极考察站垃圾处理的严谨态度，以及不断更新的减少能耗、提升垃圾回收效率等新技术，南极这片净土有望长久保持干净清洁。

怎么对垃圾进行分类

目前，北京市对生活垃圾是按照"大类粗分"的原则，城镇地区的生活垃圾分为可回收物、厨余垃圾/餐厨垃圾、其它垃圾3类。我们应该记住这几类垃圾的分类标志，并把每类垃圾投放到相对应的垃圾桶中。可回收物垃圾桶为蓝色，厨余垃圾/餐厨垃圾桶为绿色，其它垃圾桶为灰色。

Tips 垃圾•语丝

请给垃圾找个合适的家！

垃圾趣闻

LAJI QUWEN

垃圾也有名胜景点

垃圾电影院 英国的亨得尔影剧院，所用的建筑材料全部都是垃圾堆里捡回的丢弃物。其银幕是用3.8万块废布拼凑而成的，2800个座椅则是用4.5万根废钢筋和5000千克水泥浇筑的。该院服务员的工作服也是从垃圾堆捡来的旧布经消毒再由服装设计师重新设计而成的。更有趣的是，就连上映的影片也全是以垃圾为内容的。该影院的卖座率很高，收入十分可观。

垃圾游乐场 美国佛罗里达州有一座儿童游乐场，乍一看，这个游乐场和普通的游乐场的设施差不多，其实，这里所有的玩具设备都是以多年来收集的垃圾弃物为原料，再经过精心加工制作而成的。孩子们在这座游乐场里，既玩得尽兴，又接受了环保知识的教育。

垃圾公园 印度昌迪加尔市有一个别致的垃圾公园，这是一个岩石庭院建筑，里面摆放着数百个舞蹈者、动物和音乐家雕像，这是艺术家尼克·钱德用从市区工业废弃物

中挑出的可回收物品建造而成的。目前，这个岩石庭院内仍收藏着一些可回收的材料，尤其是从市区的垃圾中

🔺 印度昌迪加尔市垃圾公园中的岩石庭院

找到的破旧布料和陶器。

垃圾监狱　意大利的佛罗伦萨市，有座世界上独一无二的新型监狱——"垃圾监狱"，收监的对象都是少年犯。法官们认为，要使他们真心痛改前非，就首先要让他们知道"干净的生活"来之不易，从而发誓不再沦为"人中垃圾"。这里是个臭气熏天的垃圾填埋区，来服刑的少年犯，刑期一般不会超过半年。他们住在离填埋区不远的帐篷里，每天都要与令人作呕的垃圾为伴。据说此办法对少年犯的改造效果不错。

户外艺术走廊　户外艺术家理查德·特雷西以制造"亮丽艺术品"而闻名，他能将垃圾变成壮观美丽的雕塑作品。原本在垃圾堆中看似无用的泡沫塑料板、水果篓、溜冰鞋、旧车等经特雷西之手，便变废为宝，散发出艺术的光

芒。特雷西把这些由垃圾做成的艺术品放在一个户外艺术走廊里，每年吸引着世界各地的众多游客。

什么是垃圾减量

垃圾减量是指在生产、流通和消费的过程中，采取适当的措施，减少资源消耗和废物产生。一是减少源头产生量，从产品设计、生产阶段就尽量减少废弃物的产生，比如杜绝过度包装；二是将那些可以作为资源利用的废弃物尽量分流出来，减少运输量；三是通过垃圾焚烧、生化处理等手段，减少末端填埋量。

Tips

参与垃圾分类，争做文明市民。

垃圾制作的著名建筑

现代社会越来越提倡环保，一些富有创造性的绿色建筑师，用垃圾废物制作成一些全球闻名的建筑。

用啤酒瓶建筑的寺庙　在泰国的西萨菊省，有一座美丽的寺庙，这座寺庙的庙堂、水塔乃至游客的洗手间，全部是

🔺 泰国西萨菊省用废弃的啤酒瓶建成的寺庙

由僧侣们用人们丢弃的啤酒瓶建造的，共用了超过100万个绿色和棕色喜力牌和象牌啤酒瓶。这座利用啤酒瓶廉价地建造的寺庙，吸引了大批游客。

用硬纸筒建造的大桥　在法国南部加登河上，日本建筑师阪茂(Shigeru Ban)使用普通的硬纸筒建造起一座桥梁。虽然这座硬纸筒大桥看上去很脆弱，但它曾经可以承受20人的重量。2007年，这座大桥对外开放使用了6个月，之后由于雨季的到来不得不拆去。阪茂称自己希望通过建造这座硬纸筒大桥告诉人们纸可以更结实和耐用。

船运集装箱改成现代家居　由于船载集装箱空仓运输成本过高，目前许多国家闲置着大量的集装箱。设计师皮特·皮林斯和西尔维亚·默顿斯看上了这种呈长方形的、看似丑陋的物体，经他们的一番设计，原本当作废品处理的集装箱转眼便成为适合办公和居住的现代时尚房间。

喷气式客机变身旅馆　在瑞典阿尔兰达机场的跑道上，停着一架1976年制造的波音747-200客机，这架喷气客机已处于报废状态。一名叫奥斯卡·迪奥斯的商人将这架客机内部拆卸，改造成有25个房间和1个咖啡屋的旅馆，解决了机场附近缺少休息地点的问题。

垃圾纪念碑　意大利菲腊奥市有一座纪念碑，是由

游客扔掉的空瓶、废盒等丢弃物兴建的。纪念碑上的碑文写着："请保护大自然，这里展出的所有废物，全捞自海中。"

垃圾消音墙　　位于德国黑森州的卢夫特公司，每年要处置200多万吨空奶瓶、空洗涤瓶以及无用的塑料薄膜。多年来，这些垃圾曾耗去了公司的不少精力和财力。为解决这一棘手问题，他们在公司四周砌上一堵长320米、高3米的空心围墙，把捣碎的塑料垃圾填入空心墙内，然后再盖上泥土，种上花草，这种墙具有防噪音功能，被称为消音墙。

什么是无害化

　　是指在垃圾的收集、运输、储存、处理、处置的全过程中减少以至避免对环境和人体健康造成不利影响。

垃圾·语丝

Tips

垃圾分一分，环境美十分。

世界著名的垃圾艺术品

废纸、破铜烂铁、旧塑料、丢弃的旧衣物，当它们成为垃圾时，命运好些的被拿去回收再生；命运不济的就像死去一般，不是进焚烧厂"火化"，就是进填埋场"土葬"。然而，如果废弃物遇上了艺术家，它的命运就彻底改变了……

"垃圾艺术"这一概念最早由英国艺术评论家劳伦斯·阿洛威于1961年提出，用来评论美国艺术家罗伯特·劳森伯格创作的那一类用破布、碎衣服等废料拼贴成的"融合绘画"。后来，废铁、旧木料等各种废弃的或用过的材料，都被纳入了"垃圾艺术"的范畴。现在，"垃圾艺术"等同于"可再生艺术"，它不仅仅是一种创作，更代表一种资源回收利用的观念。

🔺 美国威斯康星州艾莫瓦博士用废铁建造的"通天塔"

艾莫瓦博士的"通天塔"　在美国威斯康星州的"艾莫瓦博士艺术公园"里，有一座高大的艺术铁塔，这是美国艺术家汤姆·艾弗里设计建造的。汤姆·艾弗里自称"艾莫瓦博士"，于1983年开始用废铁建造"通天塔"——这个15.2米高、36.5米宽、重达300吨的废铁雕塑中，包含两个19世纪80年代的爱迪生发电机、若干避雷针、旧电站组件、附近军工厂的废铁和阿波罗11号太空飞船的净化室。

哈·舒尔特的"垃圾人"　德国艺术家哈·舒尔特充分利用了自己手中的垃圾，将它们制造成"垃圾人"。舒尔特在30位助手的帮助下，将压扁的易拉罐、丢弃的计算机零件和其他物品收集起来，制造成令人毛骨悚然的垃圾人形象。目前，大约50个这样的垃圾人已在全球各地进行了巡回展出。

△ 德国艺术家哈·舒尔特与他的助手制作的"垃圾人"

用旧地图和纸杯制成美丽的裙子　这种裙子可能无法穿在身上，但是它们非常漂亮，看上去像玫瑰花一样。腰带和褶饰边让人们想起了几个世纪前的服饰风格，它们竟是由可回收的废纸制造而成的。伦敦艺术家苏珊·斯托克威尔使用纸杯、茶叶袋和用过的地图，制造成这些艺术品。这些裙子是变废为宝的"美丽典范"。

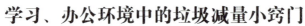

学习、办公环境中的垃圾减量小窍门

尽量不用一次性笔等文具，使用可以更换笔芯的签字笔、圆珠笔等。

使用纸张要双面书写、双面打印。

尽量使用由可回收物生产的再生产品，比如再生纸及再生纸制品。

尽量运用互联网、局域网进行电子化教学，开展无纸化办公。

尽量使用可重复使用的杯子，不使用一次性纸杯。

Tips

举手之劳，资源永续的源泉。

美国有座垃圾博物馆

当今世界，博物馆林林总总，从历史、文化到自然、科技，几乎无所不包，可是，你听说过垃圾博物馆吗？在美国康涅狄格州斯特列福镇，就有这样一座垃圾博物馆。博物馆始建于1996年，是在垃圾分类处理厂的基础上扩建而成，作为环保教育设施，免费接待公众。

垃圾博物馆展馆本身并不大，只有一个展厅和一个影视室，但与垃圾分类处理厂结为一体，就显得颇有气势。博物馆有5名工作人员，给参观者免费介绍垃圾再生利用的知识。另外，他们每年夏天还要就一些环保问题举办有趣的研讨活动。

进入展馆，首先映入眼帘的是两根色彩斑驳的大圆柱和一条恐龙。恐龙长约6米、高约3米，色彩鲜艳夺目。这个吸引了所有参观者目光的恐龙，竟然也是由上万件废品制成的。仔细观看你会发现，它从头到尾布满了密密麻麻的瓶瓶罐罐、衣物鞋帽、纽扣、玩具等，4个大脚掌竟是废弃的轮胎。

🔺 美国康涅狄格州的垃圾博物馆

　　能容纳百人的影视室上映以垃圾为题材的儿童片。垃圾以拟人化的角色出现，风趣地讲述各自的生平和长处，诉说自己的遭遇和愿望，耐人寻味。

　　参观垃圾分类处理厂是压轴戏。博物馆的楼上是一条宽阔的步行参观通道。它高悬在垃圾厂房中间，横跨大半个厂房，有玻璃封闭着，参观者可以居高临下透过玻璃纵观整个厂房的运作情景。在参观通道下方，有两条运输皮带正在运转，推垃圾的机车把运来的各种垃圾堆放到皮带上。皮带在往上运送时，下方有个绿色的振荡器最先把破碎了的玻璃瓶通过振荡分离出来。在运输皮带两旁，工人们眼疾手快地对

剩余的垃圾进行挑选，前面的工人先将塑料挑出来，后边的工人再挑选出铝制品和玻璃瓶，分别投放到贴有标志的容器里。同时，一条旋转着的窄磁条，再把皮带上的锡罐和铁罐分离出来。在这里，观众可以身临其境地真切观察到垃圾被回收和再利用的过程。

就餐环境中的垃圾减量小窍门

适量点餐，减少浪费。

剩菜打包，随身带走。

不使用一次性餐具。

提倡自助就餐，按需自取。单位食堂和餐馆应设置节约用餐提示标志。

Tips

绿色餐饮，洁净家园。

形形色色的垃圾桶

　　垃圾桶是现代人类生活中的必需品，随着人们环保意识和审美水平的普遍提高，垃圾桶的种类也在不断翻新，数量不断增加。人们更加注重它的美观和实用性，而垃圾桶也向着"小巧"和"智能化"方向发展。

　　智能感应垃圾桶　由先进的微电脑控制芯片、红外传感探测装置、机械传动等部分组成，是集机、光、电于一体的

🔺 大小、形状不一的垃圾桶

高科技新产品。当人的手或物体接近投料口（感应窗），垃圾桶盖会自动开启，待垃圾投入3~4秒后，桶盖又会自动关闭。这解决了传统垃圾桶对使用者存在的感染疾病的隐患。

条码垃圾桶　众所周知，垃圾是要分类回收的。每天思考自己的垃圾到底应该扔进哪个垃圾桶，不免烦琐。而这款垃圾桶只需将外包装上的回收条码扫描一下，就可以提示你到底应该把垃圾丢进哪个桶里。

鸡蛋垃圾桶　如果你嫌别的垃圾分类方法太麻烦，这款垃圾桶是个很好的选择。它的意大利文名字意思是"小鸡蛋"。设计师用3种不同颜色将垃圾桶内部空间隔为三大部分，只需要将垃圾投对颜色即可。

袖珍垃圾桶　你从来没想过垃圾桶可以随身携带吧？这款由Ana Cardim设计的便携式小垃圾桶可以为你随时解决垃圾无处可扔的困扰。

伸缩式垃圾桶　这款垃圾桶名为"阿姆斯特朗"，设计者的设计灵感来源于第一个登月者阿姆斯特朗在月球上踩脚的景象，只要一踩脚就可以使垃圾桶收缩。这款垃圾桶设计旨在减少垃圾桶的占地空间。

可降温垃圾桶　众所周知，较高的气温会使垃圾腐烂，散发出令人恶心的气味。有了这款垃圾桶就不一样了。如

垃圾趣闻

果你将一个香蕉皮扔进去，设定温度后，香蕉皮就不会轻易腐烂。

购物环境中如何做到垃圾减量

（1）尽量购买并使用有中国环境标志、循环利用标志和中国节能认证标志的环境友好型商品。

（2）尽量购买无须包装、简易包装或大包装的商品，不买过度包装的商品。

（3）尽量购买可重复使用的耐用品，不买一次性用品。

（4）尽量选购净菜，从源头上减少垃圾的产生。

（5）自带环保购物袋，不用塑料购物袋。

Tips

养成文明餐饮习惯，减少餐厨垃圾排放。

新兴学科——垃圾学

　　随着垃圾的问题越来越被世界各国人们所关注，一门新的学科——垃圾学应运而生，并正在世界各地兴起。美国的垃圾学专家法莫博士指出："不懂得垃圾的处理和利用，视垃

△ 亚利桑那大学校舍

坂为废物的人们属于原始民族。"

垃圾学的创立者是美国亚利桑纳大学的威廉拉舍基博士。威廉拉舍基博士毕业于哈佛大学。1973年，风华正茂的他受聘来到亚利桑那大学任教，专门研究和讲授玛雅文化，并很快以他的研究成就闻名于考古学界。

一个偶然的机会，威廉拉舍基博士参加了一次对大学生社会调查的考评。他从学生的调查中发现，自古以来凡是人类已发生的行为，其信息均包含在垃圾中。威廉拉舍基博士由此认识到垃圾的重要性，感到研究垃圾和进行考古一样，其意义是非常重大的。于是，他不顾有些人对垃圾的偏见，从考古转向了垃圾学，提出了别出心裁的"垃圾计划"研究。

亚利桑那大学素以学术创新而著称，校方十分赏识威廉拉舍基博士提出的意见，在资金和人力上给予全力支持。这项"垃圾计划"的研究内容纵贯历史，囊括古今，涉及社会学、社会心理学、市场学、大众营养学、公共卫生、人口统计、资源再生和环境保护等诸多领域。这项研究持续了多年，参加者有千余人次。

通过多年不懈的努力，由威廉拉舍基博士建立并主持的"垃圾计划"研究有了许多新发现。研究新成果引起了学术界和其他各界的重视，并流传到世界上的许多国家。威廉拉

舍基博士还在研究基础上写出了《垃圾考古》一书，这本书不仅畅销美国，而且被译成多种文字，在几十个国家出版。一门崭新学科——垃圾学由此而诞生。

什么是垃圾分类

垃圾分类，是指按照垃圾的不同成分、属性、利用价值和对环境的影响以及处理和利用的途径，将垃圾区分为不同种类。

Tips

垃圾分类益处多，环境保护靠你我。

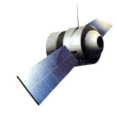

"太空垃圾"和太空清洁工

2012年3月25日，新华网报道了一则消息：美国国家航空航天局称，国际空间站6名宇航员于当天清晨曾被迫前往俄罗斯"联盟号"载人飞船，以躲避可能撞击空间站的一块太空垃圾。美国国家航空航天局表示，这块"太空垃圾"形成于2009年2月美俄卫星的一场相撞事故。

这已是空间站宇航员第三次前往俄罗斯"联盟"飞船躲避"太空垃圾"。美国国家航空航天局网站公布的数据显示，目前地球周边有50多万块"太空垃圾"，其速度都在每小时2.8万公里以上。2011年底，美国国家研究委

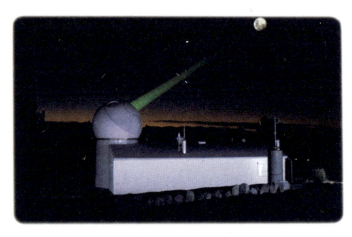

🔺 美国宇航局欲用中功率激光清理太空垃圾

员会有一份报告称，地球上空的太空垃圾数量已达"临界点"，太空碰撞事故概率大增。其实，人类在对宇宙的探索与发现的同时，一直在制造着"太空垃圾"，也一直在想办法清理太空垃圾。

我们所说的"太空垃圾"，按照火箭科学家专业的说法叫作"轨道碎片"。自20世纪50年代开始探索宇宙以来，人类已经发射了4000多次航天运载火箭，每个航天飞行器都会留下各种各样的垃圾。其中既有报废的卫星、火箭箭体，又有航天器的零件，甚至包括宇航员的生活垃圾。别小看了这些"太空垃圾"。据不完全统计，目前约有3000吨"太空垃圾"在绕地球飞奔，而其数量还在以每年2%~5%的速度增加。它们不仅对地面的人类造成危害，更会威胁到太空中飞行的航天器的安全。

制造垃圾容易，清理却是个难题。好在经过多年的研究探索，科学家们已经找出一些清除太空垃圾的方法。比如美国航空航天局正在试验一种"激光扫帚"，美国航空航天制造商洛克希德·马丁公司则推出"太空篱笆"计划，英国科学家发明了一种专门清理大型太空垃圾的人造"自杀卫星"，日本科学家计划用一张宽数公里的巨网打捞太空垃圾，瑞士也计划发射一颗专门用以捕捉"太空垃圾"的小型

垃圾趣闻

人造卫星。目前，人们把上述工具形象地统称为"太空清洁工"。 虽然这种工具多数还处于试验阶段，但相信随着技术的进步和人们环保意识的提高，在不久的将来，"太空垃圾"问题将逐步得到改善。

生活垃圾分类的原则

　　生活垃圾分类的基本原则是按照性质分类，并选择适宜且有针对性的方法对各类垃圾进行处理、处置或回收利用，以实现较好的综合效益。

Tips

　　要使垃圾变为宝，分类回收不可少。

一部有关垃圾的科幻电影

《机器人总动员》是2008年由安德鲁·斯坦顿编导，皮克斯动画工作室制作，迪士尼电影发行的电脑动画科幻电影。故事讲述了地球上的清扫型机器人瓦力"爱"上了女机器人伊芙后，跟随它进入太空历险的故事。

故事发生在2805年，由于人类过度破坏环境，地球的垃圾多到爆炸。整个星球几乎被垃圾掩埋了，成为飘浮在太空中的一个大垃圾球。罪魁祸首——人类只得移居到太空船上，并且聘请Buy N Large公司清除地球上的垃圾，等待着有一天垃圾清理完，重新回到地球上。

于是Buy N Large公司向地球运送了大量机器人来捡垃圾，但是这种机器人并不适应地球的环境，渐渐地都坏掉了，最后只剩下一个叫瓦力的机器人还在按照预定程序，日复一日地处理着堆积如摩天大楼般的人类垃圾。显然这是个不可能完成的任务。就这么过了几百年，地球依然很脏，犹如死星。捡垃圾的机器人感到寂寞，但它对一些人类垃圾开始感兴趣，比如魔方、旧电视之类。它把感兴趣的垃圾带回自己的集装箱宿舍，休息的时候它会播放在垃圾堆捡到的一盒录像带，这是芭芭拉·史翠珊主演的一部歌舞片《你好，多莉》，靠这部电影解闷。

突然有一天，伴随着巨大的响声，一艘飞船从天而降，一个光鲜漂亮的女机器人伊芙从飞船上下来执行搜索任务。捡垃圾的机器人"爱"上了伊芙，但是它面临着抉择，是随着伊芙和飞船离开地球，还是按照预设的指令继续捡拾垃圾。当然它最后选择和伊芙一起离开，飞向太空。带着植物的伊芙向满载人类的太空船船长报告，按设定好的程序，飞船是要回到地球的，但是机器导航只是按照死规定执行任务，阻止船长驾驶飞船回到地球。后来在很多机器人的帮助下，船长带领这些机器人执行了飞船的回家任务，返回了地球。

这部电影以科幻的手法给我们展示了地球俨然成为一个飘移的大垃圾站的

🔺 科幻电影《机器人总动员》中的镜头

图景，人类在这种情境下已经不能继续在地球上生存。这令人警醒和深思。

什么是建筑垃圾

建筑垃圾是在新建、改建、扩建、维修、装修和拆除各类建筑物、构筑物、管网等建筑物的过程中产生的渣土、弃土、弃料、余泥及其他废弃物。

建筑垃圾中主要包括建筑渣土、废砖、废瓦、废混凝土、散落的砂浆和混凝土，此外还有少量的钢材、木材、玻璃、塑料、各种包装材料等。

全球超酷垃圾焚烧厂

据统计，目前有35个发达国家和地区建有2000多座生活垃圾焚烧厂。有意思的是，很多垃圾焚烧厂不仅是垃圾处理设施，还因为其新颖独到的外观设计，成为当地标志性建筑，成为一道亮丽的风景线。

🔺 维也纳市中心的垃圾处理厂

1992年，奥地利在维也纳市中心的维也纳广场投资4900万美元，建成了一座垃圾处理厂。这是一座造型奇异、色彩斑斓的现代建筑，由艺术家施比特劳设计。垃圾厂主体建筑的墙面用五颜六色的马赛克和陶瓷片拼贴成不规则的色块或图案；墙面、窗台上种植着各种形状各异的植物；工厂大门的两个门柱由彩色圆球摞在一起，像是搭起来的大积木；外墙的窗户大小不一，墙面上画着大草莓、蓝水泡等可爱的图案；从楼中间伸出去的高塔顶端是一个贴着彩色瓷砖的圆球，游客们常把它误认为金色旋转餐厅。整个垃圾处理厂就像一座童话城堡。

在法国巴黎塞纳河畔，有一个长375米、宽110米、高21米的现代建筑，用当地民众的话说：它像一座豪华的写字楼，像一个绿荫环绕的图书馆，像医院，像学校，就是不像垃圾处理厂。然而，这正是欧洲最大的地下垃圾处理厂——"依塞纳"的地面部分。"依塞纳"工程于2003年开始动工，2009年建成。这座建筑一直延伸至地下31米。从垃圾分类处理装置，到垃圾焚烧炉；从废气废水处理塔，到热能转换发电机，所有设备无一例外地安置在地下。这是世界上探入地下最深的垃圾处理厂。虽然在地下建厂增加了建设成本，但这保证了建筑外观的整体美，露出地面的21米只相当于一个普通6层住宅的高度，这使它与周围建筑十分和谐。

蓝天白云之下，一座色彩缤纷、充满童趣的美妙建筑出现在视野中。这应该是一座儿童游乐场吧？然而，它其实是日本大阪市9座垃圾处理厂之一的舞洲工厂。舞洲工厂是为培养孩子环保意识而建的，像一座儿童科技馆。所有处理垃圾的环节既密封又透明，车间外围是一条巧妙的科普观摩走廊，各种关于环保的科普动漫琳琅满目，针对儿童心理进行研究和设计，可以在直观、轻松而有趣的展示和互动游戏中，让孩子亲身体验垃圾处理的流程，学会垃圾分类处理，了解人与环境相处之道。

垃圾的焚烧处理方法

焚烧处理，是指将垃圾置于高温炉中，使其中可燃成分氧化的一种方法，产生的热量用于发电或供暖。焚烧处理的优点是减量效果好，处理彻底。现代化的焚烧厂具备良好的烟气处理系统，可确保对大气不造成危害。

Tips

众人一条分类心，垃圾也能变成金！

"垃圾艺术"放大环保理念

"环保"是当下大家热议的话题，社会各界人士都用自己的方式宣传并倡导环保。一些时尚达人和各类艺术家，热衷于用被人丢弃的垃圾，如废纸、塑料瓶、蛋壳、光盘，以及工业垃圾作为材料，进行物质转化和艺术创作。这些"垃圾艺术"正借助自身的社会影响力，将环保概念有效放大。

垃圾拼成电影海报　当游人来到美国加州海边，会看到一幅巨大的电影海报竖立在海滩上。这部海滩环保题材电影 *ONE BEACH* 的海报，是电影公司专门派人去加州南部"捡垃圾"捡来的。这些垃圾包括被人们丢弃在海里的瓶瓶罐罐以及各种生活废品，共17500件。经过艺术家巧妙摆放和上色，层次分明的色彩让其看起来更像一张复古感十足的油画。

模特拎着废品走台　在2010年米兰时装周的Jil Sander品牌秀场上，一位名模身穿新款时装霸气登场，手里拎了一个漂亮的条纹包。当时许多人以为这款包是某种特殊材质做成的，眼尖的时尚达人却发现，那不过是一个带条纹的废塑料袋而已。无独有偶，在2010年秋冬香港时装周的Vivienne Westwood秀场，模特戴着一款可乐罐皮做的心形眼罩登场，这一时尚创意引来一片惊叹。

回收物装饰艺术节
在2011年北京国际设计周的NOTCH艺术节上，中外艺术家用回收来的废品做成各式艺术装置。被丢

🔺米兰时装周模特穿购物袋走秀

弃的牛奶纸盒被做成都市牧场装置、冰岛火山灰和废弃玻璃瓶在街道外墙做成"立体壁画"、回收来的旧书被摆在一个圆环形大书架中，成为引人注目的"流动图书馆"……

饮料瓶做成创意园大门　在杭州莫干山"青年环保艺术交流周"开幕期间，来自北京工商大学的学生设计了一扇"门"。与普通的门不同，这是一扇嵌满饮料瓶的门，作者希望人们穿过这扇门的时候能思考：人类产生了多少

垃圾？

　　"垃圾艺术"的流行，不仅美化了我们的生活，更重要的是给我们传递了一种"弃物可重生，垃圾也是宝"的环保理念。

建筑垃圾资源化利用有什么好处

　　与实心黏土砖相比，同样是生产1.5亿块标砖，使用建筑垃圾制砖，可减少取土24万立方米，节约耕地约180亩。同时可消纳建筑垃圾40多万吨，节约堆放垃圾占地160亩，两项合计节约土地340亩。此外，在制砖过程中，还可消纳粉煤灰4万吨，节约标准煤1.5万吨，减少烧砖排放的二氧化硫360吨。

Tips

　　垃圾入箱，文明健康。

垃圾分类也"智能"

2011年5月16日至18日，一个以垃圾为主题的"大集"在全国农展馆亮相。垃圾能有什么看头？很多观众都是带着这样的疑问走进农展馆新馆的。

但是在近万米的展馆内展示的一切，让观众大吃一惊。从大型的餐厨垃圾就地处理机、分类压缩运输车到小巧的家庭食物垃圾处理器，再到"轻薄"的分类垃圾袋，从分类投放到分类收集、分类运输再到分类处理这"一条龙"，与我们生活息息相关的垃圾分类资源化处理技术装备已然形成一个庞大的家族。

🔺 在展览上，人们纷纷为垃圾回收、资源利用献计献策。

而环保美观与周边环境相协调的智能型分类转运站、能自动称重的分类垃圾箱、远程信息技术等高科技也把垃圾的"活儿"做得越来越精细。

家庭食物处理机正在受到一些时尚家庭的青睐。它可以直接安装在厨房水槽下，并接入排水管，隐藏于橱柜中。操作时，可以把剩菜饭包括鱼刺骨头一股脑倒进去，然后轻点按钮，威力强大的机器十几秒钟即可将厨房易腐易变质垃圾破碎碾磨，冲入下水道，可完全消除家中易腐食物垃圾存放和转移的烦恼，从源头消除了食物垃圾滋生细菌对家庭成员健康和环境的困扰。而外观像一台吸尘器似的家庭厨余垃圾处理机，更让人有一种做化学实验的乐趣，把剩菜饭倒进去，再放入菌种，第二天打开，剩饭菜就变成花肥了，这是不是更有趣呢？

给垃圾桶装身份证，听起来很新鲜吧？现在，有一种垃圾桶定位识别（RFID）系统，就让垃圾桶有了"身份"，不再成为被遗忘的角落了！这样的分类垃圾桶看上去和普通垃圾桶没什么两样，就是在桶身装上了RFID标签——扑克牌大小的一张卡片，这可是全球唯一的识别码。随着这个分类垃圾桶在小区、城市道路、垃圾转运站的"旅行"，它的足迹和"肚量"等信息，就能被识别、采集、储存、分析，继而可以统计某地区垃圾产生及清理日常数据，监测垃圾车作业情况，便于环卫收运作业精细化管理，合理安排收运车辆行驶路线及人力。

而IC卡管理的分类垃圾桶，需要刷相应的卡才能开盖、投放垃圾。如果有居民错将厨余垃圾投入其它生活垃圾桶，违规行为将记录在IC卡中呢！这像一个电子"环境警察"，可以用以督促人们自觉实行垃圾分类。

"垃圾气力输送系统"是近年来国外公寓写字楼新兴的一种配套设施，在我国一些生态城内也有示范工程。在公寓、写字楼每个楼层设有投放口，可以将不同种类的垃圾投入不同的投入口，其后，这些垃圾在负压力下，通过管道，传至地下垃圾收集站。最后，经过压缩处理，将垃圾装箱运走，整个过程完全见不到垃圾。它将目前较为常见的户外垃圾箱改为密闭的室外投放口，不仅免去了垃圾装运的麻烦，也提高了垃圾的收运效率。这样的垃圾密闭输送实现了城市垃圾的低碳、环保处理。垃圾气力输送系统的垃圾收集站内部设备实行全自动控制，通过电脑系统，直接控制垃圾的输送、装箱等。同时，通过远程控制系统，能实时监控系统运行状态，并远程上传操控数据。这是不是很现代化呢？

剩饭变肥料，油烟变肥皂，"滴水不漏"的餐厨垃圾运输车，将垃圾压缩至1/3的压缩车，垃圾分类智能化，展示着变废为宝的神奇。不少观众惊叹：一丢了之的垃圾，后期处理的技术含量真不低呢！

什么是可回收物

可回收物是指回收后经过再加工可以成为生产资料或者经过整理可以再利用的物品，其特点是有可利用价值、可回收渠道，主要包括废纸类、塑料类、玻璃类、金属类、电子废弃物类、织物类等。对不干净的可回收物在投放前应予以清洗。

Tips

变废为宝，美化家园。

珠峰垃圾变身圣诞礼品

    珠穆朗玛峰是世界上登山运动者心中的圣地，每年到珠峰去攀登的人络绎不绝。对许多珠峰攀登者而言，氧气瓶是必不可少的东西，但用完之后却成累赘，许多人因此选择将它们丢弃在营地。连珠峰的首位征服者埃德蒙·希拉里爵士也曾承认，自己1953年攀登珠峰时在营地附近曾留下废旧氧气瓶、罐头瓶和破帐篷等垃圾。多年来，不计其数的废旧氧

▲ 环保志愿者在珠峰上捡拾垃圾

气瓶已成珠峰的环保"硬伤"。

在美国缅因州不伦瑞克，有一位叫杰夫·克拉普的艺术家兼厨师。2004年，他看了一部关于珠峰垃圾的纪录片，萌生了一个大胆的想法，决心为被称为"世界最高垃圾场"的珠峰做点儿事。

于是，克拉普动身前往尼泊尔，花了7000美元从当地的登山协会买下了132个废旧氧气瓶，然后，他又花了数千美元把这一大堆瓶瓶罐罐运回美国。在克拉普眼中，这些由优质铝材料制成的氧气瓶不是废品，而是极好的艺术品"坯子"。

在位于美国的家里，杰夫·克拉普进行了长达两年的艺术制作。当然，把氧气瓶制作成艺术品并不容易。第一步也是最困难的一步，是剥掉氧气瓶的玻璃纤维外壳，露出铝制内胆；然后，把内胆放在车床上，一边旋转，一边用工具仔细打磨出形状；最后是抛光，让原本被氧化成黑色的铝变成闪闪发亮的银色。打磨过程中产生的碎屑也不浪费。克拉普把这些铝屑装进玻璃球里，就像雪花水晶球一样，成了别致的圣诞节装饰品。

两年中，杰夫·克拉普和妻子一起，把这100多个脏乎乎的废旧氧气瓶变成了1万件闪亮的铃铛、碗和装饰品。他

垃圾趣闻

把这些铃铛叫作"来自珠峰的铃"，作为别致的圣诞饰品摆到美国的一些商店出售，每个售价15美元。当然，杰夫·克拉普制作这些圣诞礼品绝不只是为了挣钱，他主要的目的是提醒人们注意环保，为环保事业出力。他希望购买者能看到购买一件礼物所带来的附加价值，那就是社会责任感。

废钢铁变废为宝小数据

回收1吨废铁，大约可以炼出0.9吨好钢，而且比用矿石冶炼节约成本47%。

Tips

垃圾·语丝

垃圾是放错位置的资源。

环保之路

HUANBAO ZHI LU

自由女神像见证的奇迹

第二次世界大战时，在奥斯威辛集中营，一位犹太人这样教导儿子："我们唯一的财富就是智慧，当别人说1加1等于2的时候，你应该想到大于2。"年幼的孩子并

🔺 纽约的自由女神像

未完全理解父亲话中的深意，但这句话时刻萦绕在他的心中，对他的一生产生了不可磨灭的影响。

第二次世界大战后，1946年，父子俩远渡重洋来到美国，定居休斯敦，开始做铜器生意。

一天，父亲忽然问儿子："一磅铜的价格是多少？"熟悉业务的儿子很快回答道："40美分。"父亲点点头，又摇摇头，语重心长地对儿子说："是的，很多人都知道每磅铜的价格是40美分，但作为犹太人的儿子，你应该说4美元。"看着儿子迷惑不解的样子，父亲顿了顿，轻描淡写地提醒道："你试着把一磅铜做成门把手看看。"聪明的儿子立刻心领神会。

10多年后，父亲离世，儿子开始独自经营铜器店。他始终牢牢记着父亲的教诲，运用自己的智慧积极创业。在他的商业生涯中，做过铜鼓，做过瑞士钟表上的弹簧片，做过奥运会的奖牌，最辉煌时把一磅铜卖到3500美元，可以说把铜的价值开发到了极致。一路走来，他也一步一步由铜器店的小东家，变成了麦考尔公司的董事长。

然而，真正让他功成名就的，却是纽约州的一堆垃圾。1974年，美国政府翻新了著名的标志性建筑自由女神像，庞大工程结束后，不可避免地留下了大量废料。为了清理这个碍事的巨型垃圾堆，政府向社会广泛招标。但是，没有想到的是，竟然无人应标。而且一连好几个月都无人问津。原来，在常人眼中，这可不是好干的差事。因为在美国，垃圾处理有相当严格的规定，弄不好就会遭到环保组织的起诉。因此没人愿意去做这笔可能既吃力又不讨好的买卖。

当时正在法国旅行的他听到这个消息，立即终止休假，飞往纽约。在看过自由女神像下堆积如山的铜块、螺丝和木料后，他二话不说，未提任何条件，当即与政府部门签署了清理这堆垃圾的协议。

消息传开后，不少人觉得他这一举动不可思议。纽约许多运输公司都在偷偷发笑，他的许多同行也认为废料回收吃力不讨好，而其中能回收的资源价值也实在有限，做出这样的决策实在是头脑发热，愚蠢至极。

然而，就在很多人等着看笑话的时候，他却开始组织大批工人有序进场，开始了对废料进行仔细分类。分好的废料则有条不紊地发往不同的加工厂：把废铜熔化，铸成小自由女神像，旧木料加工成配套小自由女神像的木头底座，废铅、废铝等边角料做成别致的纽约广场的钥匙。最后，他甚至把从自由女神像身上扫下的灰尘都包装起来，

一包一包出售给花店做花土。

结果可想而知，仅仅用了一个月，他就把自由女神像下的巨型垃圾堆清理搬走。而这座曾让别人退避三舍的垃圾山，被他点石成金，变成一座真正的"金山"：这些废铜、边角料、灰尘都以高出原来价格数倍甚至数十倍卖出，且供不应求。不到3个月时间，他让这堆废料变成了350万美金，每磅铜的价格比它平时出售时的最高价格整整翻了1万倍！

普通废弃电池为何不再回收

目前，随着科技的进步，日常生活中使用率比较高的普通电池（俗称碱锰电池或碱性电池）已做到了低汞甚至无汞，对环境的影响十分有限，进入垃圾处理系统不会造成环境损害。因此，市民可将这类废电池随日常生活垃圾一起分类投放，无须集中统一回收。

Tips

垃圾分类，人人有责！

首钢建筑垃圾铺就环保路

2012年11月，经检测合格、设置路标后，首钢利用建筑废弃物生产再生骨料铺设的北京首钢生物质能源公司厂区公路正式建成。经市政、专业科研院所现场检测，该路各项指标完全符合标准。这是本市第一条采用建筑垃圾再生骨料作为道路基层材料的公路，为城市建筑垃圾的资源化处置开辟了一条新途径。

这条环保公路全长1.2公里，路宽平均7米，设有两条车道。在阳光的照射下，沥青路面泛出淡蓝光。看起来，这条路和普通的道路没什么不同，那么它到底有何特别

🔺 花园一样的首钢园区

之处？原来，这条道路18厘米厚的基层，全部是用建筑垃圾破碎、筛分处理后的再生骨料，足足用了4200吨，十几吨载重量的大货车拉了300多车。

随着我国经济发展和城市化进程的加快，每年产生的建筑垃圾不断增多，仅北京市建筑垃圾年产生量就达3500万吨，堆在一起与景山公园内的景山体量相当。对于建筑垃圾的处理，通常做法是简单填埋，这种做法既占用土地，又浪费人力物力，还会造成环境污染。为实现建筑垃圾的资源化处理，变废为宝，首钢利用在冶金固废资源处理过程中积累的知识和能力，组织技术人员刻苦攻关，率先将建筑废弃物再生料应用于环保道路基层的铺设，在城市建筑垃圾资源化处置上取得了新成效。

提供道路再生骨料的，是首钢资源综合利用科技开发公司。这家公司的前身是首钢钢渣处理厂，主要对首钢炼钢生产过程中产生的工业固体废料——钢渣进行资源化处理。首钢北京厂区停产后，该公司利用已停产的原钢渣处理生产线及公辅设施建设了建筑垃圾资源化试验加工生产线，实现了由冶金固废综合利用向城市节能环保资源化处置的成功转型。它建成了国内第一条钢渣处理线，主要对钢渣进行资源化处理。一度被视为环境污染源的钢渣经过

处理后，用于铺路、制砖和干混砂浆深加工。今后，该公司还将建设年产80万吨的固定式破碎筛分生产线，以及预拌干混砂浆、节能及装饰砌块生产线。自主研发的技术将使产能和筛选、破碎的精细化程度大为提高。项目全部建成投产后，除处理首钢自身产生的建筑垃圾外，还将处理石景山区、门头沟区、丰台区及海淀区等北京西部地区的建筑垃圾。

建筑垃圾的资源化技术有哪些

建筑垃圾经分选、破碎、筛分加工后，其中的废砖可直接再利用；钢材、木材、玻璃、塑料以及各种包装材料可用于生产再生材料；其他的废物也大多可以作为再生骨料资源重新利用，用于生产再生混凝土、再生砖等；剩余的建筑垃圾暂存后用于其他建筑工程的基础回填。

Tips

回收一张纸，少毁一片林！

垃圾场变身京城最大公园

　　3700多亩的公园面积、450多亩的碧蓝水面、20万株的乔灌木……这就是北京市精细化城市管理工程的标杆项目之一，由垃圾场还原改造成的京城最大的湿地公园——南海子

▲ 垃圾场上建成的南海子公园

公园。

南海子曾是北京城南最大的湿地，位于大兴的亦庄、旧宫、瀛海、西红门地区，历史上曾为辽、金、元、明、清五朝皇家苑囿。新中国成立后，这里成为著名的南郊农场，后来随着经济社会快速发展，南海子地区成了一处巨大的城市生活垃圾和建筑垃圾非正规填埋场。2009年，北京市委、市政府开始进行北京南海子公园建设。经过把垃圾筛分处理、合理利用和封固，才有了现在市民在公园里见到的漂亮景观。据介绍，以前公园内建筑垃圾与生活垃圾填埋量约2400万立方米，最深填埋垃圾处达27米，当地生态环境遭到了严重破坏。在周边近10平方公里的土地上，几乎没有一块完整的绿地，也没有质量达标的地表水，黄沙漫天、尘土飞扬是常态。与此同时，众多能耗大、效益差、技术含量低的企业聚集于此，流动人口超过10万人，公共服务设施严重滞后，环境脏乱差。

南海子公园对垃圾进行了分类化处理。对建筑垃圾破碎后进行筛分，按体例大小分别用于堆山造景和铺设园路；把生活垃圾中筛分出的腐殖土作为肥料用于园区绿化，变废为宝，实现垃圾二次利用，最终园内垃圾无一方外运。由于公园的基础土质是垃圾，为了避免甲烷气体聚集造成隐患，工

程技术人员运用了最先进的"兼氧技术"，在公园地上竖起了一根根通风透气的小管子。除了本地的废物利用外，湖面用水选用小红门污水处理厂的再生水，也充分体现了改造的科学性。

为了改善恶劣的生态环境，南海子公园8.01平方公里的土地上共种植140余种绿植，形成了一道天然的生态屏障。目前公园实现了"四季有景""三季有花"。

南海子公园是生态修复的一个缩影。

废纸回收好处多

1吨废纸可以造出850千克好纸，可节约木材300千克，约等于少砍17棵成材大树。

Tips

垃圾分类人人做，做好分类为人人！

 走进北京市朝阳循环经济产业园

北京市朝阳循环经济产业园目前主要由垃圾焚烧发电厂、餐厨垃圾处理厂、垃圾卫生填埋场等设施组成。据统计，北京城市每天产生垃圾1.84万吨，而北京市朝阳循环经济产业园可以每年"吃"进53.3万吨垃圾。

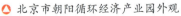 北京市朝阳循环经济产业园外观

垃圾焚烧发电厂：目前垃圾焚烧发电厂每天可以烧掉1600吨垃圾。年发电量近2.2亿千瓦时，相当于每年节约7万吨标准煤。工作人员介绍说，不仅是照明，现在厂区所有的生产设备和生活设施的运转，都靠的是垃圾发电。由于采用了国际先进技术，其烟气排放指标已达到国家规定的标准。发电厂总工王盛林说："比如公众最为关心的二噁英的排放，每标准立方米仅有0.03~0.05纳克，而世界上最严格的欧盟标准是0.1纳克，通俗地说，垃圾焚烧厂的二噁英排放浓度每标准立方米仅为吸烟的1/10。"

垃圾卫生填埋场：大家知道，垃圾填埋后，会产生大量的渗沥液，肮脏而且发臭，污染土地和空气。但在这家填埋场里却闻不到异味。这个填埋场有一套先进的渗沥液处理系统，臭气熏天的垃圾渗沥液，经过初级过滤、纳滤系统、反渗透系统后，变成了清澈的中水，用于园区的绿化灌溉等。在这个填埋场漫步，看到的是青草铺地，乔木遮阴，鲜花似锦，水池里游弋着肥硕的金鱼和戏水的野鸭，美丽得像公园一样。

餐厨废弃物处理厂：走进这个餐厨废弃物处理厂，空气中并没有泔水的酸臭味。头天晚上一些定点餐馆拉来的泔水，被送进一个高约4米的发酵罐，再喷上益生菌，在

80℃的高温中自动搅拌。8~10小时后，泔水变成一堆堆无毒无害的固体粉末状的生物腐殖酸，从不锈钢漏斗里缓缓而下。然后，它们被包装成袋，送往饲料加工厂，制作成有机饲料，或按照标准制作成微生物菌剂，再与有机肥配合使用。至此，肮脏的泔水化腐朽为神奇，变成了优良的饲料。

如今，高安屯垃圾处理厂还成为北京市"垃圾文明一日游"的定点场所，吸引着众多市民兴致勃勃地来参观、学习。

低碳生活与生活垃圾减量化

垃圾中的各种成分，在作为商品的一部分进行生产时都会消耗能源与资源，会向大气中排放二氧化碳。而成为废物后，在对其进行处理处置过程中，为防止和避免产生二次污染，也会消耗能源与资源。由此可以看出，生活垃圾的减量化会有效地减少碳排放，而减少生活垃圾的产生也是我们低碳生活的重要组成部分。

Tips 垃圾·语丝

垃圾扔在地，羞耻写进心。

垃圾气田
——日常生活产生的"燃料库"

近年来，能源问题一直是新闻的"热点"——燃油价格的上涨、用电高峰的不断"破纪录"。其实，我们身边就有现成的"燃料库"，既能发电又可产油，这就是每个城市都会有的，让人看起来不怎么舒服的垃圾填埋场。

填埋场会产生气体 早在1682年，科学家就注意到动植物残体的分解过程伴随着气体的产生，1776年，科学家们首次对厌氧降解过程中所产生的这种特殊气体进行了鉴定，从那时起就有了"填埋气"这个称呼。填埋气是垃圾填埋场中厌氧微生物降解有机物时

🔺 许多垃圾填埋场建成了填埋气发电系统

97

的伴随产物，它由多种气体混合组成，类似于沼气，其中50%以上是二氧化碳，30%～40%是甲烷，还有少量的一氧化碳、氢气、硫化氢等其他气体。可燃的填埋气白白排掉显然是对能源的浪费，利用收集好的填埋气燃烧发电或者是提纯后作为民用燃料和车用燃料，都是垃圾资源化利用的好方法。垃圾填埋以后经过半年就能产气，填埋场"退役"以后15年内，仍然继续产气，这种填埋场被誉为"垃圾气田"。目前，全世界有20多个国家的270多个垃圾填埋场安装了填埋沼气回收利用装置。

利用填埋气体发电是国际上应用最广泛的技术之一　理论上，每吨填埋垃圾可产生填埋气145立方米，集中收集后可发电200多度。荷兰2000年全国垃圾填埋气利用达2.5亿立方米以上，发出的电可供荷兰全国30多万个家庭使用。在英国利用填埋气体发电已成为可再生能源发电的重要组成部分，目前其发电能力达18兆瓦。我国自1998年开始进行填埋气发电，目前已有多个填埋场开展了填埋气发电利用项目。在北京，北神树、阿苏卫、高安屯、焦家坡、六里屯等填埋场建成填埋气发电系统，总装机容量近4兆瓦，每年发电约2400万度，可提供北京市约1.2万户家庭一年的用电量，相当于每年减少使用1万吨标准煤。

有些填埋场发电上网距离很远，则可以将填埋气净化后作为燃料提供能量。既可以并入居民燃气管网后提供给用户使用，也可以替代汽油做汽车燃料，这种燃料尾气排放少，成本不高，且更为安全。北京市安定垃圾填埋场就应用先进技术，将堆体内恶臭的填埋气导出，经净化提纯、低温冷却和压缩处理后，制成压缩天然气，供环卫作业车辆和填埋场周边居民生活使用。填埋气中的甲烷还是一种温室气体，对大气臭氧层的破坏是二氧化碳的21倍，因此对填埋气的利用还可为减少碳排放做出贡献。

环保之路

小贴士

包装废弃物可以为减量做大贡献

包装废弃物（包括各类饮料瓶、包装箱、塑料袋等）是生活垃圾的主要组成部分。包装废弃物在城市生活垃圾中占有较大的份额。有关资料统计显示，包装废弃物的产生量约占城市生活垃圾重量的1/3，体积的1/2。包装废弃物的减量化对生活垃圾减量化具有重要的贡献。

垃圾·语丝

Tips

• 为了节约资源，请给废纸、塑料袋一个家。

航天高新技术服务垃圾处理

航天工业是一个著名的高新技术"扎推"的领域，很多航天技术都存在民用的潜力。现在，科学家们在航天技术中选择了一种技术应用于生活垃圾处理，这种技术就是——等离子体技术。

对某一物质从低温开始加热时，该物质从固态逐渐熔化变为液态，进而蒸发成气态，最后，如果进一步加热，温度升高，单个原子将分裂成许多带负电的电子和带正电的离

🔺 等离子体的特点是温度高，可以用于模拟航天器在穿过大气层时所经受的高温

子，这就是物质的"第四态"，也就是等离子态。人们最初看重的等离子体的特点就是其温度高，可以用于模拟航天器在穿过大气层时所经受的数万摄氏度的高温。后来，人们逐渐发现等离子体具有能量集中、电热效率极高（85%以上）、在产生高温的同时具有极强的化学活性，可以瞬间还原一切难以还原的物质使其分解为气体和熔渣等多项特性，因此从20世纪60年代，等离子体技术开始广泛应用于冶炼和钢铁工业，到70年代初，等离子体废物处理技术即开始崭露头角，直到90年代该技术正式进入生活垃圾处理领域。

等离子体处理生活垃圾主要是利用等离子体火炬使空气电离生成等离子体，在1/1000秒内即可达到6000℃以上的高温（相当于太阳表面的温度）。当垃圾投入到密闭的等离子体炉腔中后，在无氧化的条件下，金属、玻璃等无机垃圾迅速玻璃化，最后产生的无害熔渣可作为建筑材料。而塑料、厨余、纸张等有机垃圾则在等离子体的高温和强还原状态中转化为以氢气、一氧化碳和部分有机气体等为主要成分的混合可燃性气体（通常称为合成气），这种混合气体可以用来提供能源或发电，或者将其中的氢气进一步纯化分离，作为单独的燃料。

据了解，日处理量为1000吨的等离子气化设施每天可生产120兆瓦电能，足以满足5万个家庭的电能需求。同时，由于等离子体温度极高，反应极为彻底，结合末端的气体处理设备，可以确保烟气排放达标，污染物含量远低于标准限值，可以说是较为清洁的一种生活垃圾处理技术。

目前，小型的等离子体处理垃圾所需设备已经商用，主要用于危险废弃物、医疗垃圾等处理。用于生活垃圾的也有一些，例如美国"幻想号"游轮上使用了等离子体垃圾处理设备，使得它成为能在巴哈马（世界上防止海岸污染标准最严的地方之一）靠岸时处理垃圾的船只。目前，北京市也在研究探索引入等离子体这一环保、低碳、节能的生活垃圾处理新技术，以提高生活垃圾处理技术水平。

什么是减量化

是指在生产、流通和消费等过程中减少资源消耗和废物产生，以及采用适当措施减少垃圾体积和重量的过程。

Tips

垃圾分类，举手之劳。

美国：使用再生物质减少垃圾

美国被称为垃圾大国，随着生活垃圾产量的不断增长，生活垃圾已经成为影响城市环境质量和人居环境的重要因素。为维护清洁优美的城市环境，推进废物资源的循环利用，美国把城市生活垃圾污染防治与再生利用视为一项社会发展战略目标。目前，从美国政府到各州政府都在陆续完善关于城市生活垃圾污染与废物资源循环再生的法律、法规及各种相关技术标准、规范，并且在资金投入、科技研发、设施建设，尤其是在推进废物资源再循环进程方面做了大量卓有成效的工作，使美国城市生活垃圾综合处理、管理和技术应用始

🔺 美国十分注重在中小学中进行使用再生物质的环保教育

103

终处于世界前列。

在美国，循环经济的影子随处可见，最明显的就是，人们使用再生物质生产的产品越来越多。在白宫参观时，游客会发现，发放的介绍材料使用的就是再生纸。美国政府、商家和顾客也开始越来越多地购买和使用再生物质的商品。

目前，美国对可再生利用物质的回收主要采取4种形式：路边回收桶、收集中心、回购中心以及有偿回收等。现在美国已有越来越多的产品全部或部分使用再生物质进行生产，如报纸、纸巾、铝、塑料、软饮料包装瓶、金属盒、塑料洗涤剂瓶等。

美国最大的废弃物回收利用行业是纸制品的回收利用，共雇用了近14万人，年销售收入达490亿美元，其次分别是钢铁和铸造业，分别雇用近12万人和13万人，年销售收入分别为280亿美元和160亿美元。在回收利用的废弃物当中，纸张的回收利用率为42%；软饮料塑料瓶的回收利用率为40%，啤酒和其他软饮料罐的回收利用率为55%；铁质包装的回收率则高达57%。为了提高大众的环保意识，美国将每年的11月15日定为"回收利用日"；各州也成立了各式各样的再生物质利用协会和非政府组织，开设网站，列出使用再生物质进行生产的厂商名单，并举办各种活动，鼓励人们购

买使用再生物质的产品。

在美国，垃圾处理厂与循环利用的大型公司是跨州或明确区域工作的。这一特殊制度与美国各州间法律体制的截然不同形成了巨大反差，极大提高了垃圾处理的效率。

"城市矿山"

在中国、日本、韩国等亚洲地区人们称那些富含锂、钛、黄金、铟、银、锑、钴、钯等稀贵金属的废旧家电、电子垃圾为"城（都）市矿山"。但是，调查显示，大量使用后的小型电子机器，长期以来"沉睡"在居民家中，甚至被作为废弃垃圾随意丢弃，对环境造成严重污染。调查显示，经过工业革命300年的掠夺式开采，全球80%以上可工业化利用的矿产资源，已从地下转移到地上，并以"垃圾"的形态堆积在我们周围，总量高达数千亿吨，并还在以每年100亿吨的数量增加。

Tips

参与垃圾分类，共创优美环境。

 日本：垃圾处理精细化

由于土地资源匮乏，日本始终是垃圾处理问题上的先行者。从20世纪80年代开始，他们就着手建立了一套严格的垃圾分类制度，并进行了大规模的推广。

日本政府将如何扔垃圾的说明做成大海报，详细介绍垃圾的分类和每类垃圾的投放时间，每一个分类都有详细的图文说明和举例，即使第一次来日本，不懂日语的外国人也能看明白什么垃圾属于什么类型，该什么时候投放。

日本政府还制作垃圾回收日历发给居民，用不同的标志来提醒市民在哪些日子能扔哪些垃圾，以及各类垃圾的处理时间，

🔺 日本的垃圾分类宣传广告

比如说在规定的扔可燃烧垃圾日，你只能扔可燃性垃圾。扔垃圾要在早上8点之前，过后就不能扔了。还要在垃圾袋上写上名字。垃圾袋必须是透明或半透明的，以便看清楚里面的垃圾是否合乎分类要求。如违反规定，就要面临巨额罚款。

日本的垃圾分类有四大特点。一是分类精细，回收及时。最大分类有可燃物、不可燃物、资源类、粗大垃圾，这几类再细分为若干子项目，每个子项目又可分为孙项目，以此类推。前几年横滨市把垃圾类别由原来的5类细分为10类，并给每个市民发了长达27页的手册，其条款有518项之多。二是管理到位，措施得当。外国人到日本后，要到居住地政府进行登记，这时往往会领到当地有关扔垃圾的规定。当你入住出租房时，房东也会在交付钥匙的同时一并交予扔垃圾规定。三是人人自觉，认真细致。日本的儿童从小就受到正确处理垃圾的教育。如果不按规定扔垃圾，就可能受到大人的批评和周围舆论的谴责。日本居民扔垃圾可谓一丝不苟，废旧纸张要绑扎整齐，有水分的垃圾要控干水分，锋利的物品要用纸包好，用过的喷雾罐要扎孔以防爆炸。四是废物利用，节能环保。分类垃圾被专人回收后，会被按照不同分类送到不同的厂家，进行加工后成为再生资源。日本商品的包装盒上就已注明了其属于哪类垃圾，牛奶盒上甚至还有

环保之路

这样的提示：要洗净、折开、晾干、折叠以后再扔。

日本人最讲认真、细致，这在众多方面都表现得淋漓尽致。"一分耕耘，一分收获。"政府的配套宣传和市民的积极配合也让日本成为世界上垃圾分类和回收做得较好的国家之一。

世界上最早提出垃圾分类的国家

世界上最早提出垃圾分类的国家是中国。1957年10月12日的《北京日报》醒目地登载着这样一则报道："本市城区就要全面实行垃圾分类收集的办法。"

Tips

垃圾细分类，资源广利用。

德国：瞄准"进口垃圾"

由于大力倡导"循环经济"理念，德国的垃圾回收利用率很高。垃圾处理产业在德国是一个朝阳产业，所以，正当许多国家为垃圾过多而发愁的时候，德国却为了保证垃圾厂有充

🔺 德国奥伯豪森的城市垃圾焚烧厂

足的"货源"而瞄准了"进口垃圾"这个巨大的市场。2008年，德国从周边国家进口垃圾600万吨。

垃圾焚烧发电，余灰用于铺路 在德国，未能回收利用的垃圾一般不进行填埋，而是直接焚烧用于发电。在处理垃圾的过程中产生的气体和固体化合物可以再利用。气体化合物蒸气可用作涡轮发电机的动力，固体化合物经过压缩成为熔渣，可用来筑路或作为建筑材料。目前，德国通过垃圾焚烧供电已占城市供电相当重要的比例。以科隆为例，该市利用垃圾发电可解决6万户即全市15%人口的用电。垃圾焚烧后的余灰则全部用于铺路等工程。

钢铁回收每年节省23亿欧元 近年来，原材料价格的不断上涨让欧洲的废旧物品回收利用开始走俏。据统计，2005年德国钢铁回收的比率占44%，节约的生产成本就达到23亿欧元。此外，2005年，德国还通过使用废旧物做燃料节省了3.4亿欧元，通过使用可回收物制造产品包装节省了2.25亿欧元。

电子垃圾是更大的"金矿" 更大的"金矿"存在于电子行业。据统计，多达80%的旧电子产品的材料可以回收利用，回收成本一般低于开采自然矿产。据德国废物管理及再生利用协会介绍，目前德国每年的电子废弃物约为200万吨，年均增长率为3%~5%。2005年3月，德国制定了《关于电子电气设备使用、回收、有利环保处理联邦法》，光是电子废弃物回收每年就可为德国节约20亿欧元，并增加3万多个就业岗位。

垃圾产业膨胀，成为朝阳产业 如今德国经济增长最快的部门，就是垃圾处理业，每年产值有500亿欧元，从业

人员超过6万，垃圾产业成为高利润的产业。这是因为，垃圾处理要收费，垃圾焚烧厂不仅可以从垃圾处理中获得利润，还可凭借垃圾焚烧来供电、供能，以实现增收。此外，根据德国法规，垃圾焚烧厂所排放的二氧化碳不用缴税。因此，各地争先恐后地建垃圾厂，目前，德国已有68个垃圾焚烧厂。

环保之路

国内最早开展垃圾分类试点的城市

1996年，北京市率先在西城区大乘巷社区开展垃圾分类试点，从而成为国内第一个进行垃圾分类试点的城市。

 垃圾·语丝

Tips

你一点，我一点，他一点，积少成多，环境保护靠大家。

英国：垃圾分类制度严

在欧洲，英国的垃圾分类制度非常严厉。在立法与规章的保障下，在先进技术和设备的支持下，英国的垃圾分类收集、回收利用，以及堆肥填埋等处理技术都有了质的飞跃，英国还计划在2015年以前把垃圾的回收率由目前的26%提高到50%。

一家竟有10个垃圾箱

英国妇女韦罗妮卡·博尔德与她的丈夫住在英国什罗普郡。她家有10个不同大小的垃圾箱、垃圾盒和垃圾袋，用于分类回收各种垃圾。

灰色滚轮垃圾箱用来存放生活垃圾，绿色垃圾箱用于安置花园垃圾，黑

🔺英国家庭垃圾处理模式

色垃圾盒放置废玻璃、罐头盒、喷雾罐和保鲜纸，蓝色垃圾袋用于回收硬纸板，蓝色垃圾盒存放废纸和废报刊。此外，塑料瓶必须放进一个橙色收口垃

🔺 英国家庭中政府分发的垃圾桶

圾袋，废旧电池和节能灯泡分别放进透明塑料袋。

对英国妇女韦罗妮卡·博尔德来说，幸亏她家后花园面积足够大，否则她就不得不考虑如何安放政府分发给她家的一系列垃圾桶。

"环境警察"上岗　英国地方议会需要为垃圾填埋场的垃圾缴税，目前每吨垃圾缴纳税费48英镑(约合76.5美元)。根据欧盟制订的目标，从2013年起，每过3年，每吨垃圾税费将在原有基础上上涨8英镑(12.8美元)。面对日益上涨的垃圾税费，地方政府在各自辖区内强制严格执行垃圾分类回收方案。

专门负责监督垃圾回收方案执行的"环境警察"也会偶尔登门造访，进行抽查，看居民是否把垃圾放到指定的桶里。如果分拣垃圾不当，把垃圾归错了类，放错了桶，垃圾箱过满、有剩余垃圾或在错误时间将垃圾桶拿出，就会被

"环境警察"及时指出，严重的还会被罚款，开出100英镑(159.4美元)的罚单。不缴纳罚款的居民将被法庭传唤，之后会被处以1000英镑的罚金。而对那些偷倒垃圾的，英国环保法还规定可处以最高2万英镑的罚款或6个月的监禁。

建设部首次确定的开展垃圾分类收集试点的城市

2000年，建设部在全国范围内确定了8座城市开展垃圾分类收集试点，分别是：北京、上海、南京、杭州、桂林、广州、深圳、厦门。

Tips

一纸一屑煞文明，一举一动显文明。

各国处理垃圾的"妙招"（上）

奥地利维也纳：处理家具要倒贴　奥地利首都维也纳实行"大宗废旧物品回收收费制"。大宗生活垃圾的收集和处理要由经市长批准并由具有处理有害垃圾专业经验的垃圾回收处理企业承担。从事垃圾和废旧物品运输的人员和车辆也受到相关规定的限制。例如，维也纳市只有4种车型允许运送废旧家具。如用集装箱承运，每个集装箱收费约2000欧元，其中包括搬运费、运输费、垃圾分类费、有毒垃圾处理费和增值税。

因此，维也纳市民对家具的使用比较节俭，维也纳市现今保留着多家手工业维修作坊，修理破损的沙发等。

据报道，某家修废企业一年可以修好两万多个废弃的热水表，数百个工业阀门，可节省金属数十吨。因此，修废行业也是维也纳市就业的增长点。

法国：用交换物品处理垃圾　除了当下较为流行的垃圾分类法，乐于追求时尚的法国人还喜爱用交换物品的方法来

 法国街头的垃圾箱

处理生活中产生的垃圾。法国人有追求时尚更换物品的习惯。但现在与过去扔弃的方式不一样了，每当家里有了闲置的"垃圾"，比如一些家具、家用电器等，主妇们便会把它们放到临街显眼处，供路人拣拾再用。一些图书、旱冰鞋、皮箱和滑雪板等会放在同楼的停车库出口处，让邻里选取。一些洗得干干净净的儿童服装，人们会自觉地送到妇幼中心，供来此为儿童注射疫苗的家长选择。这种物品互送和再次利用，不仅从源头上使资源节约、垃圾减少，也帮助了他人，这种方式值得借鉴。

泰国曼谷：开设垃圾银行　在泰国首都曼谷的一些居民区，曾经也是垃圾遍地，现在大为改观。例如曼谷市热闹的班加比区的苏珊26社区，竟然看不到垃圾了，这大概应归功

于这里设立的"垃圾银行"。苏珊26社区鼓励区内闲游的少年儿童去搜集垃圾，再教他们依照垃圾分类法把垃圾分类装袋，然后交给垃圾银行。他们因此所得的金额储存在垃圾银行里，每3个月计算一次利息——只是利息不是现金，而是上学的必需品。垃圾银行的"客户"若急需缴纳学费，还可向垃圾银行贷款，再以垃圾还债。

世界上第一个有关垃圾分类标志的国家性标准

2002年9月，国家标准《城市生活垃圾分类标志》专家审查会在京召开，会议一致通过审查并正式报送国家技术监督部门审批。此标准成为世界上第一个有关垃圾分类标志的国家性标准。

Tips

你随手丢的不仅仅是垃圾，也是公德心。

各国处理垃圾的"妙招"（中）

美、加："回收费单列"　在美国和加拿大，消费者购买电子电器时要向零售商缴纳回收费或处理费。

2005年6月，美国加州通过法案，要求消费者买新电脑或电视机时，每件缴纳10美元"电子垃圾回收费"。加拿大消费者如要购买一台29英寸以下的电视机或显示器，需缴9加元"环境处理费"；如购买29英寸以上的，处理费涨到31.75加元。在加拿大，如把电子垃圾混进生活垃圾，将被处以至少50加元罚款，外加清理分类所产生费用的50%。

瑞典：商场设自动回收机　瑞典的地铁站每天都会提供免费的报纸Metro，同时，在每个地铁站也都能看见报纸的回收箱。人们很自觉地把看完的报纸丢进回收箱内。值得一提的还有报纸的装订方式，不同于一般报纸，总是一张张散开的，瑞典的报纸每一份都是在版面中间装订好的。这样无疑可以防止单张报纸掉出来，散落到地铁车厢或者地铁站，给清洁工作带来负担。

瑞典的许多超市都设有饮料瓶的自动回收机。顾客将喝完饮料的易拉罐、塑料瓶和玻璃瓶投入自动回收机后，机器会自动吐出收据。顾客凭收据，每只易拉罐或玻璃瓶可从商场领取0.5～2瑞典克朗。

瑞士：为塑料瓶设基金　瑞士是首批循环利用塑料瓶的国家之一，目前对使用过的塑料瓶的回收率已达到80%以上。瑞士政府明文规定，企业只有在使废弃的塑料瓶回收率达到

🔺 瑞士街头的垃圾箱

75%的情况下才能获准生产与使用塑料瓶。为了资助收集、分拣和循环利用塑料瓶，政府实施对每个塑料瓶增加4个生丁（约合0.24元人民币）的税收，所获资金由瑞士一个回收塑料瓶的非营利机构管理，作为回收废塑料瓶的专用基金。瑞士也十分重视循环利用罐头盒。全国每年回收废罐头盒1.2万吨以上，即平均每人1.7公斤。瑞士联邦环境局还

专门设有负责回收废电池与蓄电池的机构。目前全世界仅有两家废电池处理厂，一家在日本，一家就在瑞士。瑞士在2003年底正式成立了回收旧手机的专门机构，并在全国8000余个邮局开设了收购旧手机的业务。

巴西的拾荒者合作社

巴西垃圾回收利用率在发展中国家名列前茅。在圣保罗等大城市，政府提供场地，由大企业组成的再生利用协会提供设备，帮助拾荒者组成合作社，将市政部门收集的垃圾进行分类。这些合作社不但使大量城市垃圾以很低的成本被回收利用，还解决了不少拾荒者的就业问题。

Tips

讲卫生，爱清洁，垃圾入筐。

各国处理垃圾的"妙招"（下）

韩国：周末不能扔垃圾　　在韩国首尔市，市政府除了在公共场所和社区设立分类垃圾桶之外，每个社区的垃圾回收是定点定时的。原则上，周末和平日的白天不允许扔垃圾，收一般垃圾和食物垃圾的时间是每周一到周五凌晨。如果是周末，就得把垃圾存到周日晚上。不仅倒垃圾得看

⚠ 韩国居民小区中的垃圾袋

日子，首尔有的区还要求居民必须购买政府统一监制的收费垃圾袋，袋子上写有户主的名字，这样政府部门很容易查处没有配合者。如果家庭要扔大型废弃物，如家具和家用电器等，要提前通知当地政府部门，工作人员第二天检查，贴上标签，收取费用，然后由地方相关部门收走。

马来西亚：酒店没有"六小件" 从20世纪90年代初开始，马来西亚的各个酒店就不再提供一次性洗漱用品等"六小件"了。现在，到马来西亚旅游的人，都会自带洗浴用品。有调查显示，平日并不起眼的"六小件"，成本其实并不少，例如我国的酒店业每年"六小件"的花费就有440亿元左右。减少"六小件"不仅节约了资源，而且也减少了巨量的废弃垃圾。

新加坡：乱扔垃圾受重罚 新加坡人之所以不敢乱扔垃圾，是因为害怕罚款。政府规定：乱丢垃圾，罚款1000新元。在今天的新加坡，普通人的月收入在2000新元左右，而动辄上千元的罚款，足以对普通大众起到震慑作用。不仅

🔺 新加坡干净美丽，是名副其实的花园城市国家

如此，从1992年开始，新加坡政府更是在重罚之上加了"劳改"。那些乱扔垃圾、肆意破坏公共卫生又屡教不改的人被称作"垃圾虫"，对这些人采取"重罚加劳改"的措施。被处以劳改者要穿写有"劳改"大字的背心，在人来人往的大街上打扫卫生。根据违法行为的轻重，判罚打扫卫生的时间从一天到一个月不等。这还不算，报刊、电台的记者还要到现场拍摄，然后公布于众，让全国人民一睹"垃圾虫"的尊容。

世界上第一个绿色环保标志

1975年，世界第一个绿色包装"绿点"标志在德国诞生，它是由绿色箭头和白色箭头组成的圆形图案，上方文字由德文 DERGRUNE PUNKT组成，意为"绿点"。"绿点"的双色箭头表示产品或包装是绿色的，可以回收使用，符合生态平衡、环境保护的要求。

Tips

垃圾需要自己的家，大家快来帮帮它！

123

"点石成金"的台北经验

　　2010年7月，台北市"垃圾费随袋征收"政策已届满10周年。该市环境保护局当天介绍，10年间，台北市家庭垃圾量由每人每天1.12公斤降至0.39公斤，减少了65%。当月，马英九在网络谈话节目中介绍这项政策所取得的效果。他说，1994年，台北市启用1个垃圾掩埋场，原本规划使用10年，因垃圾费随袋征收政策使台北市垃圾减量，该掩埋场还可以增加近16年的使用寿命。而早前台北市计划的另一个掩埋场，也可不必兴建。仅该项就为市政节省开支约200亿新台币。

△ 台北市民在垃圾收集点投放垃圾

　　那么，"垃圾费随袋征收"政策是靠什么取得了这样"点石成

金"的奇效呢?

在2000年7月以前,台北的垃圾费是按照水费的一定比例征收的。用水量大的部门需要缴更多的垃圾费,确实有失公平。市民对垃圾分类并不热心,台北的资源回收率仅为2.4%。当时的台北市长马英九在听取市民与专家的意见后,拍板推行垃圾费随袋征收政策。

所谓垃圾费随袋征收,是以专用垃圾袋为计量工具计算应缴垃圾费金额的方法。可回收的家庭垃圾,如纸、塑料、玻璃、易拉罐、旧衣服、废电池、旧家电等,可以分门别类地送交资源回收车,厨余垃圾倒入专门回收桶,这些都是免费的,真正无法回收的垃圾才需要使用付费垃圾袋,垃圾袋越大,装的垃圾量越多,所缴的垃圾费越多。垃圾从量计费后,垃圾费不再另外征收。市民可至指定地点购买台北环保局指定的垃圾袋,市政垃圾车只收取使用该专用垃圾袋的垃圾,其他可回收的分类垃圾免费收取。若违反规定使用非专用或伪造的垃圾袋,会被重罚。新政策实施后,台北每户家庭月均垃圾费,从最初的150元新台币(合30元人民币)降到现在的50元新台币(合10元人民币)。这个政策的妙处,在于提倡的环保行为与设计的经济激励之间具有逻辑上的一贯性。台北的家庭主妇们,为了节省家用,每天稍稍花些时

间就可以做到了，垃圾分类和设法减少垃圾丢弃成为她们生活习惯的一部分。

值得一提的是，台北的垃圾费随袋征收政策，成为垃圾减量和分类的著名成功经验而受到广泛关注，被誉为"台北经验"。

什么是净菜上市

厨余垃圾减量化的主要措施是净菜上市。狭义上的净菜上市主要指进入市场销售的蔬菜在产地经分拣、除泥、除烂叶、除须、清洗，以及整理包装等加工操作制成的产品在城市市场销售，禁止销售未经处理的毛菜。广义上的净菜上市，还包括对蔬菜品质、包装、标志等方面的要求。

垃圾·语丝

Tips

多一份自觉，多一份清洁。

绿色行动
LÜSE XINGDONG

 # 李双良："当代愚公"搬渣山

李双良是山西省忻州市人，太原钢铁有限责任公司加工厂职工。

该公司建立50多年来，倾倒的废钢废渣堆积成一座高23米、占地2平方公里的渣山，废渣总量约1200万立方米，重约1500万吨，不仅污染环境，还影响生产。

面临太钢生产排渣难、废铁回收难、环境治理难的三大难题，1983年，厂领导发动太钢全体职工献计献策，寻求治理渣山的方案。这时，全国冶金行业的"工业炉渣爆破能手"、年近花甲的退休工人李双良主动请战，提出了"不要国家一分钱投资，七年搬走渣山"的计划。厂领导问他：不要国家一分钱投资，能办到吗？李双良送上一份方案。这一方案阐明

🔺 位于太钢渣厂的李双良雕像

了"以渣养渣，以渣治渣，综合利用"的设想。李双良胸有成竹地说："一吨废渣里含56公斤废钢，这样算下来，整个渣山可回收30多万吨废钢。按每吨150元计算，就是4000多万元。这难道还不足以'以渣养渣、以渣治渣'吗！"

1983年5月1日，李双良率领着"借来的"600多人，数百辆小平车、拖拉机，浩浩荡荡开上渣山，拉开了治理渣山的序幕。

李双良吃在工地，住在工地，没日没夜地为治理渣山的每一个细小环节操劳着。他带领着职工，克服了没有资金、机械设备简陋等数不清的困难，一边镐刨锹铲地苦干，一边用技术革新的成果巧干，用了整整十几个寒暑的时间，把沉睡了半个多世纪的渣山搬掉，累计回收废钢铁130.9万吨，还自创设备，生产各种废渣延伸产品，创造经济价值3.3亿元。此后，他又带领职工在搬走的渣山空地上，建起了环境优美的大花园和工人宿舍区、新厂房、厂区公路等。

李双良和他的治渣团队不仅从根本上解决了太钢的倒渣难题，更走出了一条"以渣养渣、以渣治渣、自我积累、自我发展、综合治理、变废为宝"的治渣新路子，为治理污染、改善环境、循环经济、科学发展做出了贡献，李双良创

绿色行动

造的惊人业绩举世瞩目，他被誉为"当代愚公"，被授予全国优秀共产党员、全国劳动模范和全国关心下一代先进个人等荣誉称号，联合国环境规划署还把李双良列入《保护及改善环境卓越成果全球500佳》名录，并发给李双良"全球500佳"金质奖章。很多外国专家和名人也慕名前来太钢渣场参观，对李双良的"愚公移山"精神赞叹不已。美国一个科技代表团团长的题词是："惊人的成就——堪称世界各国学习的榜样。"

垃圾的卫生填埋处理

卫生填埋是目前对生活垃圾最常用的处理方法。卫生填埋要求对填埋场场地进行工程化防渗，有完善的垃圾渗滤液收集处理系统，填埋气体得到有效收集和利用，生活垃圾填埋日常运行管理规范，对周围环境的影响得到有效控制。

Tips

积极参与垃圾分类，共同呵护绿色家园。

从建筑垃圾中 "觅宝"

当前，我国城镇化、工业化发展速度加快，城市建设与大规模的旧城改造并举，住宅小区规模化建设及道路的改扩建，导致大量建筑垃圾急剧产生，我国建筑垃圾排放量高峰期已经到来。

目前，国内处理建筑垃圾基本上仍停留在落后简单的填埋式处理，由于建筑垃圾的不可降解性，填埋式处理将会给社会带来灾难性的后果。合理利用建筑废弃物不仅环保节能，而且可以利用其中蕴藏的巨大的经济价值。粗略估算，到2020年，我国至少新产生建筑废弃物300亿吨，如将其中50%转化为生态建筑材料，将创造6000亿元的经济价值，而其社会效益将更为可观。专家表示，若能够把建筑垃圾变废为宝，将会创造更多的价值。

其实，我国现在已经有一些单位和部门致力于建筑垃圾的处理和利用，有些个体废品回收者也看中了这个市场，做起建筑垃圾回收工作。

苏州人洪宝华就是这样一个专门回收建筑垃圾的人。以前，洪宝华是一个"收废品"的个体户，后来，他承包一些小区的垃圾回收，最多时承包了6个小区的生活垃圾回收项目，还雇了几个工人帮忙。生意做得挺红火，日子也过得衣食无忧。但洪宝华并没有满足"小富即安"的生活，他把生意当成事业来做，关心着国内外垃圾回收的最新动向。经过不断的考察和实践，他发现在许多小区里，随着生活质量的提高，越来越多的住户进行装修，建筑垃圾也因此越来越多。洪宝华敏锐地意识到，这里面蕴含着巨大的商机。

2003年，洪宝华将视线从生活垃圾转移到了建筑垃圾。以一户120平方米的房子来算，装修时要向物业缴5元/平方米的垃圾费，一共是600元，物业往往把这一任务以200元转包出来；别墅的面积要大一倍多，收费则一般为450元/户。洪宝华测算，现在的新小区一般是1000多个住户，常常有100

🔺 建筑垃圾回收业被业内称为"看不见的金矿"

多户同时装修，收入很可观。还可以顺带在小区做打空调洞、卖水泥黄砂等生意，这样下来，一年就能净赚十几万。

于是，洪宝华雇了几十个工人，又租了几辆卡车，每天定时去各个小区取垃圾，把建筑垃圾中可以再利用的材料挑出来，卖给有关部门。不能卖的建筑垃圾，他负责送到当地的垃圾填埋场。这样，洪宝华的生意不仅越做越大，而且还为小区和城市的环保工作做出了贡献。

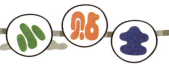

每人每天要"制造"多少垃圾

根据国家统计局城市生活垃圾清运量统计数据，2009年我国城镇居民平均每人每天产生0.69千克生活垃圾。在北京，平均每人每天产生0.75千克生活垃圾；在天津，平均每人每天产生0.54千克生活垃圾；在上海，平均每人每天产生1.15千克生活垃圾；在重庆，平均每人每天产生0.41千克生活垃圾。

Tips

别把垃圾中的宝物与废物混为一谈！

拾玻璃行业的翘楚

王清华，一位安徽省的普通居民。20世纪90年代，他带着创业的梦想来到上海，想干出一番事业。但没想到，做生意被"朋友"骗了，身背数万元的债务。他想去讨回被骗的钱财，那位"朋友"却逃之夭夭。当王清华两手空空，满心失望地为生计发愁时，他肯定没有想到，自己未来的事业会从废品开始。

有一天，王清华漫无目的地走在上海街头，看到身旁走过收废品的人。他一想，这个活儿自己也能做啊。于是他

△ 2011年，燕龙基集团被国家发改委命名为"城市矿产"示范基地

134

决定开一家废品回收站。1992年，他办好执照，回老家筹措了5000元钱，并把老婆带到了上海，王清华夫妇简陋的废品回收站就算开张了。

在一次回收废品的偶然机会，王清华看见了玻璃厂收碎玻璃的场景。碎玻璃能有什么用呢？王清华在玻璃厂一打听，知道了其用途。1吨废玻璃若回收再造，比利用新原料生产节约成本约20%。上海每年产生的废品超过400万吨，其中废玻璃就有15万吨，这里蕴藏着无限商机。于是，他就由泛泛地收废品，改为专找有碎玻璃的单位，收玻璃废品。

就这样，王清华靠收碎玻璃当年就赚了22万元。

此后，他的资本积累迅速增加。王清华发现，废玻璃现在已经成了一个香饽饽，大家一窝蜂地都来收，只有形成一定的规模，以联合的形式才能有更大的发展。于是，他成立了燕龙基废品回收有限公司，以合同形式约定权利、义务，将分散各地的回收网点统一重新布局，大户、中户、小户联网，每个网点设负责人，并严格划定经营范围，禁止跨地区营业。

2002年，燕龙基与江苏华尔润集团共同出资，组建了上海汇尔华实业有限公司，以港务物流带动玻璃、钢材、建材销售。

绿色行动

如今，王清华的燕龙基废品回收有限公司已经是一家综合性民营企业。公司以回收废玻璃为主，综合回收各类废品，每年收购总量达40多万吨，年销售额平均水平在8000万元左右，销售利税650万元。

至今，王清华积累了上亿元的资产，拥有自己的码头和堆场，成为同行翘楚。其公司逐步形成一个庞大的环保工程"群落"。

玻璃变废为宝小数据

1吨废玻璃可生产一块篮球场面积大的平板玻璃或2万个0.5升的瓶子。回收一个玻璃瓶再造玻璃所节省的能量，可使一只60瓦灯泡发光4小时。

Tips

垃圾分类，给我们一个美好的生活空间。

# 废旧衣物"华丽转身"变资源

统计数据显示，2010年我国纤维加工量达4130万吨，比2005年增长了60%左右。其中服装年产量达285亿件之多。这意味着每年对于纺织品的生产原料棉、毛、丝、麻等天然纤维和不可再生资源——石化产品的消耗非常巨大，而大部分纺织品在几年之后就会变成废旧纺织品被处理掉。

比起舌尖上的"浪费"，衣服的浪费更加惊人！因此，旧衣物的再生利用，应有巨大的资源节约空间。

回收利用废旧衣物好处多。第一，节约资源。一亩地产棉花80公斤，每利用一公斤废旧衣服再生纤维等于节约用地8.33平方米，可减少劳力、化肥、农药和物流费用的投入。一吨石油可生产涤纶、尼龙等化纤原料800千克，利用废旧化纤织物加工成再生粒子原料，不仅可节约石油，还可节约其他化工原料的投入。第二，节约能源。使用废旧衣物纤维生产棉纱可节约20%的能源；生产无纺布可节约35%的能源。第三，保护环境。废旧衣物再生利用循环工序过程中，

🔺上海市在部分小区设置了废旧衣物回收箱

能做到无废水、无废气、无废渣，对保护环境有利。

那么，变废为宝有什么招？

国外早已开展了废旧纺织品回收利用的相关研究开发。1979年，美国一家造纸公司用废旧纺织品研发了废旧纺织品回收再利用的新技术，生产出了优质的造币用纸。日本更是创造了"一片由旧衣服制成的毛毡被送入50米长的生产线，当它在生产线另一头出现时，已经变成了一块坚硬的类木质板"的奇迹。

在先进高科技的引领下，纤维化等再生技术的产业大循环，成为旧衣回收利用的更为经济环保的出路。按照中国纺织工业"十二五"规划，中国将初步建立起纺织再生纤维回收循环利用体系。到2015年，纤维加工总量可望达到5150万吨，其中15%左右为再生纤维。

从政府到企业，环保意识理念都在提升，回收利用的平台也在搭建。那么我们消费者可以做些什么呢？抛个砖，大家一起想想吧！

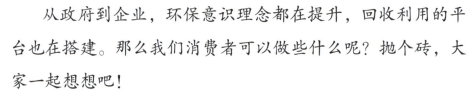

捐赠。注意公益慈善组织的活动，把旧衣送给需要的人吧。

交换。在社区邻里间和二手市场，送给下一个喜欢这件衣服的人吧。

改造。动动脑，动动手，把旧衣变成一件艺术品吧。

正确投放。社区分类垃圾桶里有个"蓝桶"是可回收物桶，让旧衣服回家吧。

什么是过度包装

过度包装主要指包装的形式和价格都严重超出商品本身的需要、耗材过多、分量过重、体积过大、成本过高的商品包装。过度包装主要表现为：结构过度，即包装层数、体积和保护功能过度；材料过度，即采用超过包装功能需要的实木、金属，以及其他高价值包装原材料。大部分过度包装在一次性使用后失去再利用价值，在造成资源浪费的同时也导致包装废弃物的大量增加。

Tips

- **变废为宝，点石成金。**

"低碳生活"促进垃圾减量

最近，在日常的工作生活中，我们经常听到一种新兴的生活方式，叫作"低碳生活"。同时衍生而来的，还有"低碳经济""低碳建筑""低碳旅游""低碳城市"等环保绿色新主张。

低碳，其实是一种生活态度。

Good　Better　Best

低碳，英文为 low carbon，意指较低（更低）的温室气体（以二氧化碳为主）的排放。低碳生活，英文为low-carbon life，就是指日常生活所耗用的能量要尽力减少。简单理解，低碳生活就是低能量、低消耗、低开支的生活方式，主要是从节电、节气和回收3个环节来改变生活细节。目前随着这股风潮逐渐在我国一些城镇兴起，"低碳族"成为应运而生并迅速壮大的一群。实际上，在低碳生活的一些细节习惯中，也可以实现垃圾减量。比如：

一个塑料袋5角钱，但它造成的污染可能是5角钱的50倍。所以结实并且可反复使用的环保袋，成为"低碳族"的新宠，成为替代白色塑料袋的最佳环保产品。

每张纸都双面打印，相当于保留下许多原本将被砍掉的森林。

把喝过的茶叶渣晒干，做一个茶叶枕头，又舒适，还能帮助改善睡眠。

尽量少使用一次性牙刷、一次性塑料袋、一次性水杯……随身常备筷子或勺子，已经是环保人士的一种标签。

把一个孩子从婴儿期养到学龄前，花费确实不少，部分玩具、衣物、书籍用二手的就好。

少用纸巾，重拾手帕，减少浪费，保护森林。

经过手工DIY的再创造，你会发现原来废物也是宝，这样的家居环境健康且充满了创意的小欢乐。

用剩的小块肥皂香皂，收集起来装在不能穿的小丝袜中，可以接着用。

用过的塑料瓶，把它洗干净后可用来盛各种液体。

用过的面膜纸也不要扔掉，用它来擦首饰、家具或者皮带等。

近几年，简约的设计风格渐渐成为家庭装修中的主导风格，而这样的设计风格能最大限度地减少家庭装修当中的材料浪费问题，自然也会减少建筑垃圾的产生。

旧物利用的措施

旧织物、家具、日常用品、玩具、包装等通过清洗、改造，以及通过捐赠、交换的形式延长其使用寿命或改变其原有用途，可以减少垃圾的产生量。比如，我们将废旧的布条制作成手包，将用过的包装盒用来盛装一些小的物品等。政府或非政府组织可以通过宣传、建立旧物交易市场或旧物交易信息平台等方式促进旧物再利用。

Tips

垃圾也有用，请别乱扔它。

网上流行"碳足迹计算器"

"低碳生活"作为一种生活方式，先是从国外兴起，可以理解为：减少二氧化碳的排放，就是低能量、低消耗、低开支的生活方式。如今这种生活方式已经悄然走进中国。目前，网上出现了许多与低碳生活有关的族群，豆瓣网上还建立了几个与低碳生活有关的小组，他们研究可以为减碳做些什么，可以怎么做，并想各种办法减少自己的碳排放。有一个名为"低碳生活"的小组，创建者在主页上旗帜鲜明地写道："你今天减碳了吗？"

🔺 碳足迹意指个人或团体的能源意识及行为所产生的"碳耗用量"

与之相伴，一些可以计算个人排碳量的特殊计算器在网上开始流行。这种计算器有人称之"碳足迹计算机"，主要是根据人的能源消耗量以及日常生活方式等来计算各项居家生活的碳排放。它有一套精确的计算公式，将"日常消费——二氧化碳排放——碳补偿"这一链条直观而简洁地呈现出来。例如有一个"CO_2排放量查询"的计算器，你只要任意输入一天的用电度数、乘坐公交车的公里数或汽车耗油公升数等，就可以简要地查出你的二氧化碳排放量，然后屏幕还会提示应该种上多少棵树才能补偿。另一个名为"全民节能减排计算器"的软件则更全面，只要输入你的家庭人口数以及在衣、食、住、行、用等方面节约的信息，就能计算出你的家庭全年的减排量和节能量。

其实早在上海世博会期间，就有一些热衷于环保的大学生志愿者使用了"碳足迹"计算器。例如上海大学环境工程专业学生肖可心等人在世博会上公布了自己制订的垃圾减量方案，身体力行减排"碳垃圾"。他们履诺践行"无纸化"——不用纸巾，重拾手帕；不使用一次性筷子；不用纸质媒介，利用《易博》手机彩信报和《世博风》电子期刊，完成世博内宣。肖可心他们根据"碳足迹"计算器，总结出一条纸制品碳排量公式。测算结果显示，上海大学8000多名

世博志愿者在为期一个多月的服务期间，每位志愿者每天少用一包21克的纸巾，一月便省下纸巾10吨有余；而《手机报》《电子报》在此期间共分别发行34期和9期，节约了约120万张A4大小的打印纸。据介绍，节省这些纸制品相当于减少"碳垃圾"32.4吨，也就是212棵生长50年的大树一个月吸收的二氧化碳量。毫无疑问，碳足迹计算器的流行，将有助于我们生活中的垃圾减量。

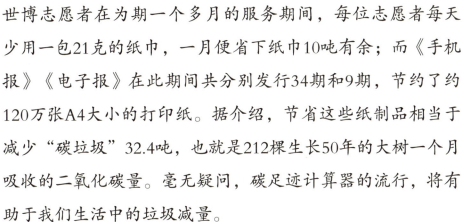

国际通行的垃圾减量"3R"理念

废弃物减量(Reduce)、废弃物的重复利用(Reuse)、废弃物的回收利用(Recycle)。

Tips

- **垃圾有家我送它，保护环境你我他。**

"光盘行动"减量餐厨垃圾

"有一种节约叫光盘，有一种公益叫光盘，有一种习惯叫光盘！所谓光盘，就是吃光你盘子里的东西。吃饭时间到，让我们一起参与光盘行动吧！"这是2013年1月，一些网友在网上发起的不剩饭菜、晒吃光后餐具的"光盘行动"。

🔺一些网友发起不剩饭菜、晒吃光后餐具的"光盘行动"

"光盘行动"发起人的呼吁应和了中央厉行节约、反对浪费的号召，迅速引起众多媒体和网友的热烈反响，得到了社会各界的支持。许多网友在网上晒出自己吃得一干二净的盘子，并呼吁："拒绝浪费，从我做起，争做节约达人，向舌尖上的浪费说不！"

　　多年来，我国餐桌上的浪费现象比较突出，有最新统计数据显示：中国每年浪费食物总量折合粮食约500亿千克，接近全国粮食总产量的1/10，即使保守推算，每年最少倒掉约2亿人一年的口粮。在餐桌上浪费的粮食价值高达2000亿元，这一数字确实令人触目惊心。而北京作为中国人口最集中、经济最发达的城市之一，浪费情况更加显著。除了经济上的代价，餐厨垃圾带来的环境污染也是不容小觑的。

　　2013年春节期间，在中央厉行节约精神的指导下，餐饮经营者和消费者响应"光盘行动"，"拒绝剩宴、年夜饭从简、就餐光盘，过个节俭年"成为风尚。多家餐饮企业开展杜绝"舌尖上的浪费"活动，推出"半价菜""小份菜""拼盘菜"。一些酒店、酒楼在墙上设置了"适量点餐、剩余打包、拒绝浪费"等节约警示语，部分餐饮企业还在春节期间推出节俭奖励。消费者在点菜时比往年更适度和健康，不再追求大鱼大肉满桌，量"肚"点菜，尽量减少饭菜剩量。据中国烹饪协会不完全统计，2014年春节期间部分餐饮企业浪费比往年减少约80%，餐厨垃圾同比减少50%。有些在北京专收餐馆餐厨垃圾的环卫工人表示，他们2014年春节期间收的垃圾比往年至少少了1/3。

"光盘行动"推动了珍惜粮食、全民节约的好风气，也为减少餐厨垃圾和治理环境污染打下了良好的基础。

什么是厨余垃圾、餐厨垃圾

（1）厨余垃圾：是指家庭中产生的易腐食物垃圾，主要包括菜帮菜叶、剩菜剩饭、瓜果皮核、废弃食物等。

（2）餐厨垃圾：是指餐饮企业和食堂、餐厅等餐饮服务单位在食品加工、饮食服务、单位供餐等活动中产生的食物残渣和废弃油脂等废弃物。

食品包装和废弃炊具，不是厨余/餐厨垃圾。

Tips

细节决定成与败，分类决定废与宝。

和酒店一次性用品说再见

在我国的许多城市，星级宾馆一般都会在每个房间配备一次性日用品，其中包括牙刷、牙膏、拖鞋、梳子、洗发水、沐浴液、香皂、浴帽等。不少高星级酒店还会提供一次性的剃须刀、护肤品等。但是，这些一次性日用品通常在使用一两次后就

🔺 酒店的一次性用品

被丢弃。广州某四星级酒店的一位服务员说："据我观察，牙膏、香皂、沐浴露是酒店里浪费最严重的一次性物品。一块净重30克的香皂，客人住一次一般只使用1/5左右；可使用6次的牙膏，往往只使用了一两次就扔掉；有些一次性日用品甚至只是打开了包装尚未使用就扔掉了。每天酒店清理出来的一次性日用品堆积如山，增加了我们的工作量不说，最主

要的是看着挺好的东西都成了垃圾，真让人心疼！"

针对宾馆一次性日用品带来的问题，山东、海南等地纷纷出台新规，试行取消酒店一次性用品供应。近日，广东省旅游局也实行了一项新规定，在全省星级饭店逐步取消一次性日用品，包括牙刷、牙膏、拖鞋等，违反者将面临最高1万元的罚款。并要求餐馆酒店通过环保提示、减免优惠等措施鼓励消费者减少使用一次性消费品。

在广东的一家商务酒店，管理人员介绍说，他们酒店有自主房和传统房两种房型。房间一样，区别在于自主房不提供一次性洗漱用品，传统房提供免费的一次性洗漱用品，自主房比传统房的房费便宜10元。现在酒店自主房的入住率几乎是传统房的两倍。

沈阳一家五星级酒店也想出一招：客人自愿不使用客房一次性用品，可得到宾馆提供的免费水果、餐饮消费折扣等优惠，将节约的利润返还给客人。这样既节约，又受顾客欢迎。

宁波一家酒店负责人说，一次性用品消费对酒店而言会增加成本，对社会而言会浪费资源。在提倡爱惜资源、低碳生活、垃圾减量的今天，统一提供一次性用品的经营方式实在应该改改了。

一位网友说，取消一次性用品是大势所趋，关键在于扭转人们的消费观念，让垃圾减量的环保意识深入人心。

垃圾的生化处理方法

垃圾生化处理，是利用微生物处理易降解有机垃圾的方法。经过好氧堆肥处理，生活垃圾中的易降解有机物可变成卫生的、无味的腐殖质，也就是平常所说的堆肥，经厌氧处理还可产生沼气等能源。

Tips

举手之劳小动作，破解环境大难题。

 ## 大学生演绎世博园里的"垃圾学"

　　第41届世界博览会，于2010年5月1日至10月31日在中国上海市举行。此次世博会也是由中国举办的首届世界博览会。上海世博会以"城市，让生活更美好"为主题，创造了世界博览会史上最大规模的纪录。同时超越7000万的参观人数也创下了历届世博之最。

　　在"世博"之年，世博园成了大学生进行社会实践的场地。"世博"主办方举办了"知行杯"大赛，在决出的奖项

▲ 上海世博会中国馆

中，成功演绎"垃圾学"的大学生实践团队，一举拿下社会实践大赛两项特等奖。

"垃圾不落地"移植河南古城　世博城市最佳实践区台北案例馆展示的"垃圾不落地"方案，被同济大学大三学生王明远等人"移植"到了河南省新密市的古城内。经过实地量身订制，上海大学生的这套特等奖方案已被当地基本采纳。王明远团队在长方形的新密古城试点区内，规划了一条垃圾车行车路线，定时定点回收垃圾；配以多条小巷道内的三轮车路线，挨家挨户收集垃圾。垃圾车分早班车和晚班车，停靠10个站点，每次停站3～10分钟。如此循环，居民区内就不必再设垃圾桶，而且各家垃圾在环卫人员回收时就完成了分拣。

智能分类垃圾箱会"说话"　上海中医药大学刘晶晶等学生则是另一番思路：在获一等奖的"世博园内垃圾分类回收及垃圾箱利用现状分析和探究"项目中，他们设计出一款智能分类发声垃圾箱。这种垃圾箱利用红外光谱分析原理，可在不同的垃圾投放口，快速测出不同垃圾物质的光谱值，比如金属、玻璃、有机物等。不但如此，垃圾箱还会人性化地"表扬""批评"。一旦垃圾接近不"对口"的投放口，它就马上关闭这个口子，并说："非常抱歉，您选错了

绿色行动

垃圾的故事

垃圾投放口，请重新选择，坚持垃圾分类，打造低碳生活，感谢您的合作！"而对于准确的分类投放，它则说道："恭喜您，您选对了垃圾投放口，感谢您为环保做出的贡献，请您以后继续坚持垃圾分类。"

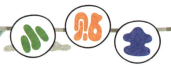

什么是其它垃圾

其它垃圾是指除可回收物、厨余垃圾／餐厨垃圾之外的垃圾。

Tips

垃圾·语丝

资源有限大难题，垃圾分类来解决。

中学生开"公司"回收校园垃圾

走进江苏南京的百家湖中学，偌大的校园一个公共垃圾桶也没有，但却看不到随地丢弃的垃圾，而每天中午，许多学生会来到一个挂牌的"百家湖中学可再生资源回收有限公

🔺 百家湖中学的同学把垃圾送到"回收公司"

司"，把喝过的牛奶盒、用过的草稿纸、废弃的饮料瓶都交给公司。这是怎么回事呢？

成立"百家湖中学可再生资源回收有限公司"的发起人是校长王晓根。原来，细心的王校长发现学校垃圾桶里的很多垃圾其实都是"宝"，白白扔掉非常可惜。他说："我们学校的办学价值观就是'自主教育，超越发展'，让孩子们自己管理回收公司正好是一个契机。"百家湖中学可再生资源回收有限公司就这样应运而生。公司有董事长1名、总经理1名、财务部长1~2名和成员若干，都是由学生自愿报名后经竞选产生，在聘用期表现优异的学生，会被学校评为每学期的班级环保之星、进步之星。

中学生自己当起了董事长、总经理，做起了"垃圾"的生意。学校专门辟出了一间独立办公室给孩子们创业。公司里摆放了一个磅秤，绿色的大型分类垃圾桶上分别贴着"牛奶盒""废纸类""塑料瓶"等纸条，方便将各班搜集来的垃圾分类存放。每个班级都设有公司负责人，只要牛奶盒、塑料瓶、草稿纸积累到一定数量，他们就会送过来。公司董事长、初三男生江勤友说："中午是最忙碌的时候，我们会有专门的接待人员和财务总监一起给大家过秤，把数量和重量一一登记在册。"然后，可再生资源回收公司会把这些交

上来的东西拿到废品公司变卖，换成钱后全部捐给红十字协会，帮助需要帮助的同学。财务总监会定期公示各个班级的回收情况和利润。

公司成员还负责校园和班级的环保宣传、卫生监督工作。公司没成立以前，每天总会有部分班级出现牛奶盒乱丢的现象，不但破坏了班级的优美环境，有时还出现牛奶盒堵塞下水道的问题。回收公司专门承担起检查任务，让这一现象不复存在。以前学校的走廊、操场都有公共垃圾桶，现在一个都没有了，而校园却变得更加干净。

易拉罐变废为宝小数据

1吨易拉罐熔化后能结成1吨很好的铝块，可少采20吨铝矿。

Tips

垃圾混置是废物，垃圾分类是资源。

垃圾的故事

"绿色回收"走进北京高校

  2012年11月10日，北京市商务委、市政市容委、市教委、市环保局等多部门在对外经贸大学启动"绿色回收进校园活动周"，向学生们展示并宣传了废旧商品回收利用的好处。"活动周"上透露，校园再生资源回收将纳入北京统一的正规回收利用渠道。

  大学校园，办公用纸、学生用纸较多，是再生资源可以得到更好回收利用的地方，而目前纸类回收利用普遍是"同类再生"，不同的纸混淆在一起会影响再生产品的质量。因此，将校园再生资源回收纳入到北京市统一的正规再生资源回收利用渠道，可以做好纸资源的分类回收，杜绝无序回收给环境造成的二次污染。

  在对外经济贸易大学里，负责该校再生资源回收的北京天天洁再生资源回收公司工作人员介绍，废报纸、破纸箱、塑料瓶这些"垃圾"经过再生利用，能制作成精美的再生笔、再生笔记本、记事本、相册等。他拿出3种笔杆颜色不

同的铅笔介绍说："笔杆和笔头上印有字的是废报纸做的，笔杆颜色偏黄的是用废旧牛皮纸制作的，而土黄色的笔杆材料则是硬纸板硬纸壳。"

在对外经贸大学的每个办公室都设有废纸分类投放袋，从而实现了办公废纸的分类回收。回收的废纸可用于兑换再生复印纸等再生产品。办公区域导入资源分类回收及再生产品使用体系减碳潜力巨大，可以实现减少碳排放目标贡献大于

🔺 北京市绿色回收进校园宣传活动启动仪式现场

70%，提升资源化比例30%。

为了推动再生资源回收利用体系进校园工作，北京市成立了"再生至尚大学生环保联盟"，目前已有30余所高校加入，累计举办各种再生资源回收、宣传活动近百场，回收各类再生资源100余吨。再生资源回收网点由大学生自己参与管理，组织资源回收，回收形式多种多样。环保联盟有时会进

入宿舍进行再生资源回收，学生也可以将资源分类后交给回收网点。同时还在各大学不定期举办再生产品兑换活动，学生们可用废旧书本、饮料瓶等兑换再生纸笔、本册等产品。

"绿色回收进校园活动周"的启动和"再生至尚大学生环保联盟"的成立，吸引越来越多的大学生参与到垃圾分类、垃圾减量的活动中来。

包装废弃物源头减量的措施

包装废物源头减量的主要措施有实施绿色包装和限制过度包装。

1977年以来，美国2升软饮料的包装瓶的重量从68克减小到现在的51克。这一举措使得美国每年的塑料垃圾减少量多达1.14亿千克。

垃圾·语丝

Tips

不同的垃圾有不同的家，不要让它们走错啦！

"绿纽扣计划"
让智能回收机进驻校园

2013年11月14日，由北京市市政市容委、北京市商务委、北京市发展和改革委员会及北京市教育委员会主办，北京盈创再生资源回收有限公司承办的"绿纽扣计划进校园"活动正式启动。启动会后，盈创智能回收机的身影陆续出现在北京市的一些中小学校园里。

"绿纽扣计划"进校园行动是一项绿色公益活动，具体内容是通过在各个中小学校园铺设盈创智能回收机，让学生们能够将

🔺 首都师范大学附属小学的同学踊跃参与"绿纽扣计划"

饮料瓶、废旧书本等固废垃圾自觉投入智能回收机，进行

161

正确回收，从而养成爱护环境和垃圾分类的好习惯，并通过孩子们的实际行动，影响到越来越多的个人、家庭和组织，使大家像"绿色的纽扣"一样紧密地联结在一起，共同为保护环境贡献一份力量。

盈创智能回收机高约2米，一侧为废纸回收机，一侧为饮料瓶回收机。它不仅能够"吞"下饮料瓶和废纸，还能吐出"返利金额"。学生每次投放可回收物结束后，可通过刷绿纽扣徽章上的二维码，确定投入物品的重量及返利的数额，回收机自动将"返利金额"存入与之相联的学校公益基金，用于为学生购买环保、安全的学习用具，改善校园环境，或者用于资助贫困家庭的儿童等公益事业。这样一台回收机一年大约可回收废旧饮料瓶1吨，相当于节约石油6吨，减排二氧化碳3吨，植树41棵；一年大约可回收废纸30吨，相当于可再生新纸24吨，减少砍伐树木510棵。

随着"绿纽扣计划"的实施，目前，盈创智能回收机已进入人大附小、首师大附小四季青校区等学校校园，还有一些学校正在

▲ "环保小卫士"们将废纸投入智能回收机

预约铺设中。预计到2015年"绿纽扣计划"将会进入千所校园，智能回收机铺设数量也将达到2000台，在北京市的中小学中真正发挥起"环保卫士"的作用，同时能成为对中小学生进行环保教育的一个有力补充，为建设"绿色北京，绿色校园"做出贡献。

绿色行动

北京市生活垃圾处理设施

截至2013年12月，按照处理工艺不同，北京市共有各类生活垃圾处理设施37座。其中垃圾转运站9座、垃圾焚烧厂4座、垃圾填埋场16座、垃圾堆肥厂6座。设计垃圾处理能力为21971吨/日，比2012年的17530吨/日提高了25%。此外，我市还有2座集中式餐厨垃圾处理厂，设计处理能力600吨/日。

垃圾·语丝

Tips

垃圾分类，利国利民。

 # 环保小先锋袁日涉

　　袁日涉，女，1993年3月出生在北京，是第九届全国"十佳"少先队员、环保学生，曾组织"一张纸小队""少年先锋林"等环保活动。2001年获得福特汽车环保奖，建立了儿童环保网站：www.2008z.com。2002年组织十刹海放生小鸭子活动，发起设立"儿童环保节"活动至今，提案曾被2次带上"两会"。2003年"非典"期间，10岁的她建立"袁日涉抗击非典网站"，为抗击非典的宣传做出突出贡献，被评为"2003年度中国十大网络新闻"之一。2004年组织"迎奥运，种植2008

🔺 袁日涉

棵树"的活动，在北京延庆种植"少年先锋林"，同年获得第九届全国十佳少先队员荣誉称号和十佳中华小记者称号。2006

年，获得全国中学生网页制作大赛一等奖，2007年"感动东城"十大人物，在全国爱鸟周中，组织捐赠鸟巢活动。此外，多次获得各种征文比赛和网页比赛的奖项。

创建"一张纸小队" 进入小学后，袁日涉发现，有些同学不爱惜纸张，随便撕掉作业本折纸飞机，或者随手扔掉没用完的本子。她看在眼里，急在心里，就利用小组长的"职务之便"，建议小组的七八个组员成立一个节约用纸小队。班主任非常支持她的做法，号召全班同学都加入了这个小队，使班上浪废纸张的不良风气一扫而空。更有同学为小队取了个响亮的名字——"一张纸小队"，意为节约每一张纸。这次纸张保卫战得到全国小朋友的响应，现在参加"一张纸小队"活动的省市已经扩大到16个，少年儿童环保志愿者的队伍也发展到100多万。

创建儿童环保网站 2001年，袁日涉获得了"福特汽车环保奖"，得到5000元的奖金，她用这笔钱开办了一个网址为2008z.com的少年儿童环保网站，很快，网站的点击率上升到60万！网站首先开办了"绿色银行"，号召每个班级、每位志愿者家中都放置纸箱，把用完的废纸扔进去，卖掉后攒入"绿色银行"。2002年冬天，针对当时送精美贺年卡的风气，网站又推行起自制贺年卡活动，在同学们中很快风靡

开来。这个活动节约了制作贺卡的成本，相当于"拯救"了无数"无辜"的树木。他们还推行"绿色家庭节约伴我行"的活动，通过"小手拉大手"的方式，由小朋友带动家长，提倡节约能源的生活方式。

倡导、营造"少年先锋林"　2003年，袁日涉升入五年级，她听到许多人抱怨日趋严重的沙尘暴，又开始为如何改善生活环境动起了心思。她在网上发布"一人一棵树，建设北京少年林"的倡议，用"绿色银行"的钱进行植树造林活动，很快引起全市乃至全国小朋友们的响应。最终他们把树林定名为"少年先锋林"，种植树木2008棵。

什么是绿色包装

　　绿色包装是指对生态环境和人类健康无害，能重复使用和再生，符合可持续发展的包装。其不仅代表适度包装，更深层的含义是利用有利于回收、易降解的原材料，降低处理产品的难度，减少处理费用。

Tips

● **请让垃圾桶不再"五味俱全"。**